見てわかる農学シリーズ
1

遺伝学の基礎

西尾　剛　編著
＊
向井康比己　著
大澤　良
草場　信
鳥山欽哉

朝倉書店

執 筆 者

*西尾　剛	東北大学大学院農学研究科・教授
向井康比己	大阪教育大学教育学部教養学科・教授
大澤　良	筑波大学大学院生命環境科学研究科・助教授
草場　信	東京大学大学院農学生命科学研究科・助教授
鳥山欽哉	東北大学大学院農学研究科・教授

執筆順．＊は本巻の編集責任者．

まえがき

　遺伝子組換え作物は食品として安全か，遺伝子組換え作物の遺伝子が野生植物の中に紛れ込んで自然の生態系を乱す心配はないかと遺伝子組換え作物は最近よく話題になるが，この問題について正しく理解するには，遺伝子についてよく理解し，遺伝子組換え作物は従来の品種改良（育種）の方法で作出された品種とどのように違うのかを知る必要がある．犯罪の捜査や親子鑑定などでDNAの分析が広く利用されるようになり，遺伝子や遺伝学が人の社会生活にも大きく関わるようになってきた．

　遺伝学の進歩は目覚ましく，多くの生命現象が遺伝子の機能を基礎として理解されようとしている．ゲノム上の遺伝子情報に基づいて生物が形作られ，その特性を発揮することがわかっており，多くの生物でゲノムの全塩基配列が解読されている．ヒトとチンパンジーがもつ遺伝子が互いにどのように異なっており，イネとトウモロコシが遺伝子のどのような塩基配列の差によって特徴付けられているのかが分かりつつあり，生物の進化がDNA塩基配列のレベルで論議されている．このように，今や生命現象について知るには，遺伝子についての知識が不可欠である．

　本書は，「見てわかる農学シリーズ」の中の「遺伝学」の教科書として企画された．本シリーズは，大学ではじめて農学・応用生命科学にふれる1〜2年生や，短大，専門学校，農業大学校の学生のための，農学の教科書シリーズである．遺伝学や分子遺伝学，あるいは育種学については多数の優れた専門書があり，本書に近い専門書としては『植物遺伝学入門』（三上哲夫編，朝倉書店）があるが，このような専門書で学習する前に，「遺伝学の基礎」を学ぶための教科書や参考書として利用できるように編集した．そのため，読むだけで理解できるように，できるだけ平易に表現することを心掛けた．高等学校での学習と専門の学習との橋渡しとなるテキストとして，あるいは一般教養として遺伝子組換え作物や遺伝子について知るための参考書として使用していただければ幸いである．

　本書の出版にあたっては，朝倉書店の各位に多大なる尽力をいただいたことを記し，謝意を表したい．

2006年2月

編集者　西尾　剛

目　　次

1. 遺伝現象とメンデルの法則 ──────────────────────────────── （西尾　剛）
    1.1　身近な遺伝現象 ……………………………………………………………… 1
    1.2　遺伝と環境 …………………………………………………………………… 2
    1.3　細胞と染色体 ………………………………………………………………… 3
    1.4　生物の分類 …………………………………………………………………… 4
    1.5　メンデルの3法則 …………………………………………………………… 5

2. 古典遺伝学的な遺伝子の概念 ──────────────────────────── （西尾　剛）
    2.1　対立遺伝子の関係 …………………………………………………………… 10
    2.2　遺伝子座間の関係 …………………………………………………………… 11
    2.3　遺伝子のさまざまな作用 …………………………………………………… 14
    2.4　伴性遺伝と母性遺伝 ………………………………………………………… 16
    2.5　酵素と遺伝子 ………………………………………………………………… 17
    2.6　突然変異遺伝子 ……………………………………………………………… 19
    2.7　遺伝子記号 …………………………………………………………………… 19

3. 遺伝と細胞 ───────────────────────────────────── （向井康比己）
    3.1　体細胞分裂と減数分裂 ……………………………………………………… 21
    3.2　生殖細胞の形成 ……………………………………………………………… 28
    3.3　受　精 ………………………………………………………………………… 29
    3.4　核相交代 ……………………………………………………………………… 30

4. 染色体と遺伝子 ─────────────────────────────────── （向井康比己）
    4.1　染色体上の遺伝子 …………………………………………………………… 32
    4.2　交さと組換え ………………………………………………………………… 33
    4.3　組換え価 ……………………………………………………………………… 36
    4.4　染色体地図 …………………………………………………………………… 37
    4.5　遺伝子のシンテニーと染色体 ……………………………………………… 40

5. 量的形質の遺伝 ──────────────────────────（大澤　良）

 5.1 質的形質と量的形質の違い ……………………………………… 44
 5.2 主働遺伝子と微働遺伝子の働き ………………………………… 45
 5.3 量的形質における環境の効果の意味 …………………………… 46
 5.4 量的形質における遺伝効果の意味 ……………………………… 46
 5.5 相加効果と優性効果を推定する ………………………………… 51
 5.6 QTL 解析 …………………………………………………………… 52

6. 遺伝子の実体 ──────────────────────────（草場　信）

 6.1 DNA と複製 ……………………………………………………… 56
 6.2 RNA と遺伝子発現 ……………………………………………… 59
 6.3 DNA の複製 ……………………………………………………… 60
 6.4 RNA の転写 ……………………………………………………… 61
 6.5 mRNA のプロセッシング ……………………………………… 62
 6.6 翻　訳 ……………………………………………………………… 63
 6.7 転写後制御 ………………………………………………………… 64

7. 遺 伝 子 操 作 ──────────────────────────（草場　信）

 7.1 制限酵素と DNA リガーゼ ……………………………………… 66
 7.2 DNA クローニング ……………………………………………… 67
 7.3 プラスミドベクター ……………………………………………… 68
 7.4 プラスミドベクターによるクローニング ……………………… 69
 7.5 ウイルスベクター ………………………………………………… 71
 7.6 PCR 法 ……………………………………………………………… 72
 7.7 DNA の取り扱い ………………………………………………… 74

8. 遺 伝 子 単 離 ──────────────────────────（草場　信）

 8.1 ゲノム DNA ライブラリー ……………………………………… 76
 8.2 cDNA ライブラリー ……………………………………………… 77
 8.3 ハイブリダイゼーション ………………………………………… 78
 8.4 ライブラリーのスクリーニング ………………………………… 79
 8.5 ゲル電気泳動の原理 ……………………………………………… 79
 8.6 サザンブロット法 ………………………………………………… 81
 8.7 塩基配列決定の原理 ……………………………………………… 82
 8.8 さまざまな遺伝子単離法 ………………………………………… 83

9. 遺伝子発現解析 ────────────────────────── (鳥山欽哉)

  9.1 ノーザンブロット法 …………………………………… 85
  9.2 RT-PCR ………………………………………………… 85
  9.3 ウェスタンブロット法 ………………………………… 86
  9.4 二次元電気泳動 ………………………………………… 87
  9.5 植物の形質転換技術 …………………………………… 88

10. ゲ ノ ム ──────────────────────────── (鳥山欽哉)

  10.1 ゲノムサイズ ………………………………………… 95
  10.2 ゲノムプロジェクト ………………………………… 96
  10.3 遺伝子の機能解析 …………………………………… 96
  10.4 マップベースクローニング ………………………… 97
  10.5 DNAマーカー ………………………………………… 98
  10.6 トランスポゾンタギング …………………………… 101
  10.7 *Ac/Ds*系を用いたトランスポゾンタギング ……… 103
  10.8 逆遺伝学的解析 ……………………………………… 104
  10.9 バイオインフォマティックス ……………………… 105

11. 細胞遺伝学 ─────────────────────────── (向井康比己)

  11.1 染色体と核型 ………………………………………… 107
  11.2 倍 数 性 ……………………………………………… 109
  11.3 染色体の変異 ………………………………………… 112
  11.4 半 数 体 ……………………………………………… 115
  11.5 分子細胞遺伝学の発展 ……………………………… 116

12. 細胞質遺伝 ─────────────────────────── (鳥山欽哉)

  12.1 葉緑体ゲノム ………………………………………… 119
  12.2 ミトコンドリアゲノム ……………………………… 121
  12.3 核と細胞質の相互作用 ……………………………… 122
  12.4 葉緑体の形質転換 …………………………………… 127

13. 遺伝と統計 ─────────────────────────── (大澤　良)

  13.1 変数の尺度水準 ……………………………………… 130
  13.2 統 計 量 ……………………………………………… 130
  13.3 代表値と散布度 ……………………………………… 131
  13.4 確率分布を知ることがなぜ必要なのか？ ………… 132
  13.5 帰無仮説と対立仮説 ………………………………… 135

13.6 検定の例 …………………………………………………………… 136

14. 集団遺伝学と進化系統学 ──────────────────────── （大澤　良）
14.1 集団とは？ ……………………………………………………… 140
14.2 集団の進化のしくみ …………………………………………… 141
14.3 集団の変化 ……………………………………………………… 143
14.4 分子系統樹 ……………………………………………………… 147

15. 遺伝学の応用──植物育種の成果と可能性 ────────────── （西尾　剛）
15.1 植物育種の成果 ………………………………………………… 154
15.2 遺伝子組換え品種の問題点 …………………………………… 158
15.3 植物育種の可能性 ……………………………………………… 161

索　引 ────────────────────────────────── 165

 遺伝現象とメンデルの法則

〔キーワード〕 遺伝，遺伝子，身近な遺伝現象，血液型，メンデルの3法則，優性の法則，分離の法則，独立の法則

　遺伝とは子が親に似ることであるが，それは子が親の遺伝子を引き継ぐからである．単純に親とそっくりにならないのは，顔かたちを決める遺伝子が多数あり，異なる顔をもつ両親からそれらの遺伝子を引き継ぎ，その組合せで子の顔かたちが決まるからである．遺伝子（gene）を仮定して，遺伝現象を明解に説明したのはメンデル（G. Mendel）である．メンデルは，遺伝の実験に扱いやすい植物を用いて遺伝の法則を明らかにした．1860年代にメンデルにより見出された遺伝の法則は，メンデルの死後，1900年になって3人の研究者によってそれぞれ異なる生物を用いた研究で再発見され，その価値が認められた．DNA（deoxyribonucleic acid，デオキシリボ核酸）のレベルで遺伝現象を明らかにする分子遺伝学の研究が盛んな現在も，メンデルの法則の意義が変わることはない．この章では，身近な遺伝現象とメンデルの法則について学習する．

1.1 身近な遺伝現象

　顔が似ているかどうかは，目や鼻の形など個々のさまざまな特性とそのバランスで決まるので，科学的に評価するのが難しいが，身長や体重は単純に1つの数字であらわすことができるので評価しやすい．背が高い両親の子は一般的に背が高い．しかし，子の身長は，両親の中間になるのではなく，両親より背が高くなることもあり，低くなることもあり，単純な原則を適用できない．性別によっても影響をうけ，何よりも成長期の食生活の影響を大きくうける．遺伝子の研究が進んでいる現在も，身長の差をもたらす遺伝子の数はまだ明らかとなっていない．身長や体重のような連続的な数値であらわされる特性を量的形質（quantitative traits）（第4章参照）という．遺伝の法則は主に色

表 1.1 メンデルが遺伝の研究に用いたエンドウの8つの形質

形質	優性形質	劣性形質
種子の形	丸	しわ
種子（子葉）の色	黄	緑
種皮の色*	灰色	白
花の色*	紫	白
さやの形	膨張型	圧縮型
さやの色	緑	黄
草丈	高い	低い
花の着生部位	側部	頂部

* 種皮の色と花の色は同じ遺伝子によって決まっている．

などの質的形質（qualitative traits）の研究によって明らかとなった．

もっとも身近で誰もがよく知っている単純な質的形質の遺伝現象は，ヒトの赤血球の血液型の遺伝であろう．ABO血液型で人の性格が決まるとするのは科学的根拠が乏しいが，親子でないことがABO血液型でわかることがある．A型同士の両親からはB型やAB型は生まれない．B型の両親からはA型やAB型は生まれない．O型の両親からはO型しか生まれない．AB型の両親からはAB型とともにA型やB型は生まれるが，O型は生まれない．AB型の両親から生まれたA型の人からはO型は生まれない．このような遺伝現象は，遺伝子を想定するとうまく理解できる（後述）．赤血球の血液型では，他にRh血液型がよく知られていて，Rh^-型の人にRh^+型の血液を輸血できないが，Rh^-型の人が少ないので，輸血が必要なときに困ることがある．Rh^+型の両親からRh^-型は生まれるが，Rh^-型の両親からRh^+型は生まれない．

植物における身近な遺伝現象としては，花の色や形，草丈などの遺伝がある．植物は動物と違い交雑（crossing）がしやすく，多数の個体を育てやすいので，簡単に遺伝の実験ができる種類が多い．メンデルは草丈の高低，花がつく位置，花の色，さや（莢）の形と色，種子の形，種子（子葉）の色，および種皮の色の8つの形質（trait）で異なるエンドウを用いて研究を行い，遺伝の法則を明らかにした（**表 1.1**）．エンドウは，ほとんど自家受粉（self-pollination）するが，人為的な交雑は可能であり，栽培容易で1個体から多数の種子がとれることから，遺伝の研究に適した材料であった．

1.2 遺伝と環境

生物の個体の特性は，遺伝子と環境で決まる．ヒトの身長が遺伝することは述べたが，育った環境とくに食生活の影響をうける．体重は

自家受粉

花粉を同じ個体の雌ずいに受粉することを自家受粉という．多くの被子植物は両性花をもち，1つの花に雄ずいと雌ずいがあるために，自家受粉をしやすい．自家受粉によって受精することを自家受精，自家受精によって繁殖することを自殖という．多くの動物は雌雄異体であるため，自殖できない．

食生活の影響がとくに大きい．肌の色は遺伝子の影響が大きいが，育ったところの日ざしの強さの影響もうける．一方，ABO血液型や白血球の血液型が環境の影響をうけることはない．

　一卵性双生児はすべて同じ遺伝子をもつ．そのため，一卵性双生児の特性が異なれば，それは環境の影響である．一卵性双生児間の違いを調べることにより，環境の影響をうけやすい形質とそうでない形質が明らかになる．しかし，ほとんどの双生児は同じ環境で同じものを食べて育つので，環境の影響の差があらわれることもあまりない．クローン動物は，受精卵または未受精卵の核を除いてクローン（clone）にしたい個体の体細胞の核を移植し，母体に戻して個体に育てるので，細胞質の遺伝子（第12章参照）は卵と同じであるが核の遺伝子はすべて核提供個体と同じである．ほとんどの形質は核の遺伝子に支配されているので，クローン動物はほぼ一卵性双生児と同じであり，その間の特性の差は，環境の影響によるものとみなされる．

　植物は，たいていは種子で繁殖するが，植物体の一部分が残って繁殖するジャガイモのような植物も多い．このような繁殖を栄養繁殖（vegetative propagation）というが，栄養繁殖で増えた個体は，互いにすべて同じ遺伝子をもつ．クローン動物とは違い，細胞質の遺伝子も同じであり，完全なクローンである．多くの果樹の品種がそうであるように，リンゴの品種「ふじ」はクローンである．しかし，栽培してみると市販されているような立派な「ふじ」の果実ができるわけではない．これも栽培している場所の気温や雨量，肥料の量や病虫害，あるいは栽培技術という環境要因の差による．

　身長や体重，作物の収量のような量的な形質は環境の影響が大きく，質的な形質は環境の影響をうけにくい．量的形質においても遺伝子の影響の大きさに形質間で差があり，遺伝子の影響と環境の影響を合わせたもののうち遺伝子の影響の比率を遺伝率という（第5章参照）．

1.3　細胞と染色体

　生物には単細胞生物と多細胞生物がある．単細胞生物は細胞分裂によって増殖し，多細胞生物は細胞分裂によって大きくなる．細胞分裂する前に，1つの細胞がもつ遺伝子のコピーがつくられ，2つの細胞に分配される．細胞分裂するときに染色体（chromosome）が観察でき，染色体が均等に分配されるのが見られるが，その染色体に遺伝子が並んで存在している（第3章参照）．1つの細胞に含まれる染色体の数は一定であり，生物の種類により異なる．

多細胞生物も，1つの細胞である受精卵から発生する．1つの細胞が1つの個体に発達するために必要なすべての遺伝子をもっている．発生の過程で，もともと同じ細胞が機能分化し，心臓や脳，骨，あるいは皮膚などになり，それぞれの器官で異なる遺伝子が働く．植物では葉や茎，根，花などに分化するが，受精卵だけでなく，葉などから分離した単細胞からでも個体に発達させることができる．植物の細胞は細胞壁（cell wall）に被われているので，細胞壁を構成するセルロースを酵素で分解するとプロトプラスト（protoplast）という裸の単細胞が得られる．葉肉のプロトプラストは，トマトの細胞もキャベツの細胞もみな同じように見えるが，トマトの細胞はトマトに発達し，キャベツの細胞はキャベツになる．トマトの細胞は，トマトの植物体を形成するのに必要なすべての遺伝子をもっている．1つの細胞がもつすべての遺伝情報をゲノム（genome）という（第10章参照）．

細胞分裂では，分裂前の細胞に含まれる染色体の数と分裂後の細胞に含まれる染色体の数は同じであるが，生殖細胞が形成されるときは特殊な細胞分裂がおこり，染色体数が半分になる．これを減数分裂（meiosis）という（第3章参照）．雄では減数分裂した細胞から雄性配偶子（male gamete）である精子（sperm）ができ，雌では減数分裂した細胞から雌性配偶子（female gamete）である卵（egg）ができる．植物では減数分裂して，花粉（pollen）の中の精細胞（sperm cell）と胚のう（embryo sac）の中の卵細胞（egg cell）となる．卵に精子が侵入して受精（fertilization）し，受精卵となる．受精で精子と卵に含まれる染色体が合わさり，受精卵には，配偶子に存在した倍の数の染色体が含まれる．受精卵は前述のように個体に発達する．

1.4 生物の分類

生物は大きく真核生物（eukaryote）と原核生物（prokaryote，前核生物ともいう）に分かれる．動物や植物のようなほとんどの生物は真核生物であり，これまで述べてきた細胞や染色体の話は，真核生物についてのことである．真核生物には核があり，その中に染色体が含まれる．単細胞生物である酵母も真核生物である．一方，原核生物には大腸菌や納豆菌，コレラ菌のような細菌（バクテリア）が含まれ，核をもたず，そのゲノムは環状のDNAとなっている．真核生物と原核生物は，遺伝子の構造や遺伝子発現の仕方が大きく異なるが，遺伝子DNAの塩基配列がタンパク質のアミノ酸配列に翻訳される暗号は共通している（第6章参照）．

ウイルス（virus）は生物のようであるが，生物に感染することよってのみ増殖でき，無生物とされている．インフルエンザやエイズの病原体はウイルスである．ウイルスは DNA または RNA（ribonucleic acid，リボ核酸）とそれを被うタンパク質からなり，DNA または RNA にはその外被タンパク質の遺伝子や複製にかかわる遺伝子が含まれる．タバコやトマトに感染するタバコモザイクウイルス（tobacco mosaic virus；TMV）は単純な構造のウイルスで，ウイルスとして初めて結晶化された．安定したウイルスで，結晶状態で室温で保存でき，植物に接種すればまた増殖する．細菌に感染するウイルスはバクテリオファージといわれ，遺伝子のクローニング（第7章参照）によく利用される．

生物の分類のもっとも基本となる単位は，種（species）である．互いに生殖的隔離がおこっていない集団を1つの「種」とする．種が異なれば互いの交雑で雑種ができず，たとえ雑種ができてもその個体は生殖能力がなく子孫を残すことができない．ヒトは1つの種である．ウマとロバは異なる種で，ラバという雑種はできるが，ラバは生殖能力がなく，子孫を残せない．リンゴとナシの間では雑種はできるが，雑種は生存力が低く，子孫を残せない．イヌは，大きな種類から小さな種類まであって見るからに変異が大きいが，その間に生殖的隔離はおこっていないようで，1つの種である．

種の上の分類単位が属（genus）である．1つの属の中にいくつかの種があるが，属の範囲を限定する基準はない．属名に修飾語をつけて種名とする命名法がリンネによって提唱され，それが現在広く使われている学名であり，学名は世界共通である．学名は，最初につけられた名前が優先されるので，2つの種類に異なる学名がつけられていてそれが後に同じ種であることがわかったときは，古い方の名前が使われるようになる．属の上の分類単位が科（family），その上が目（order）となる．

1.5　メンデルの3法則

メンデルが発見した法則は，優性の法則，分離の法則，独立の法則の3つに整理される．

a.　優性の法則と分離の法則

エンドウの草丈の高い純系（pure line）と草丈の低い純系を交雑したところ，その子はすべて草丈が高いものとなった．緑のさやの純系

純系
自殖や同系交配を繰り返し，すべての形質に関して遺伝子構成がホモ接合になっていて，遺伝的に均一な系統（個体群）．実際には，すべての遺伝子がホモ接合となった系統を自殖で得ることは困難なので，着目する形質に関してホモ接合であればよいとする．

と黄色のさやの純系の間の子はすべて緑のさやとなり，紫の花の純系と白花の純系の間の子は紫花となった．交雑によって得た雑種を F_1 (first filial generation, 雑種第一代) と呼び，F_1 であらわれる形質を優性 (dominant)，F_1 であらわれない形質を劣性 (recessive) という．F_1 において，優性の形質のみがあらわれることを優性の法則という．

F_1 を自家受粉して得た次代を調べると，優性形質を示す個体が全体の約 3/4，劣性形質を示す個体が全体の約 1/4 となった．F_1 を自家受粉して得た次代を F_2 と呼ぶ（F_2 の次代を F_3 と呼び，以下 F_4, F_5 となる）．F_2 において優性形質を示す個体と劣性形質を示す個体が 3：1 に分離することを分離の法則という．

優性の法則と分離の法則は，遺伝子を仮定してうまく説明できる．F_1 は草丈の高低を決定する遺伝子を両親から 1 つずつ受け取っており，草丈を高くする遺伝子と低くする遺伝子は対になっていて，対立遺伝子 (allele) という．草丈を高くする対立遺伝子（T とする）は低くする対立遺伝子（t とする）に対して優性で，T と t を 1 つずつもつ F_1 は草丈が高くなる．優性の対立遺伝子を大文字で，劣性の対立遺伝子を小文字であらわす．F_1 は T と t をもち，T/t とあらわすことができ，親となった草丈の高い純系は T/T，草丈の低い純系は t/t となる．T/T や t/t のように同じ対立遺伝子をもつものをホモ接合体 (homozygote)，T/t のように異なる対立遺伝子をもつものをヘテロ接合体 (heterozygote) と呼ぶ．T/T や t/t，T/t のような個体の対立遺伝子の構成を遺伝子型 (genotype) というのに対し，T/T と T/t の草丈が高くなるというような特性としてあらわれる型を表現型 (phenotype) という．

T/t のヘテロ接合体である F_1 は，T をもつ配偶子と t をもつ配偶子を 1：1 の比率で生じる．T と t が 1：1 の雌性配偶子（卵細胞）と雄性配偶子（植物では花粉）が均等に受精すると，T/T と T/t と t/t の遺伝子型の子が 1：2：1 の比率で得られる（図 1.1）．F_2 の T/t は F_1 と同じ表現型であることから，F_2 は草丈が高い個体と低い個体が 3：1 に生じることになる．

F_1 にその親を交雑することを戻し交雑 (backcross) と呼ぶが，F_1 に劣性遺伝子のホモ接合体である親を戻し交雑すると，優性の形質を示す個体と劣性の形質を示す個体が 1：1 に生じる．すなわち，T/t の個体と t/t の個体の交雑によって，次代に T/t の個体と t/t の個体が 1：1 に生じることになる．優性形質を示す個体の遺伝子型が不明のとき，劣性形質の個体を交雑すれば，不明の個体の遺伝子型がわかる．ホモ接合であれば子はすべて優性形質を示すが，ヘテロ接合であれば，

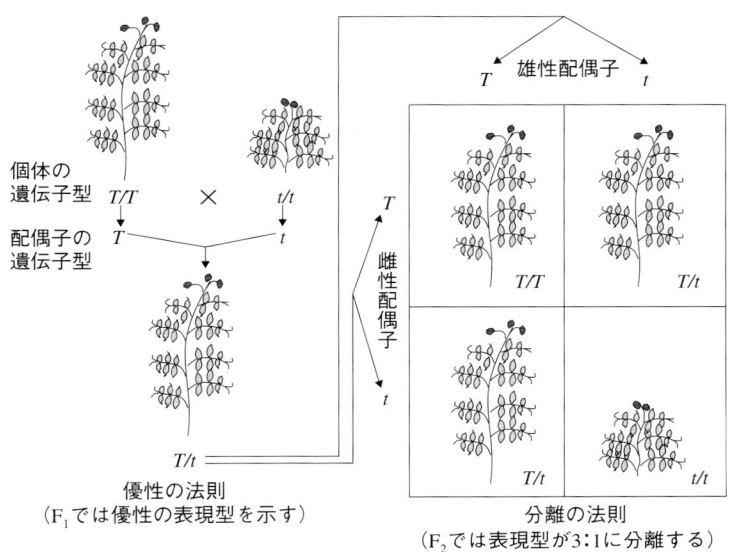

図 1.1 優性の法則と分離の法則

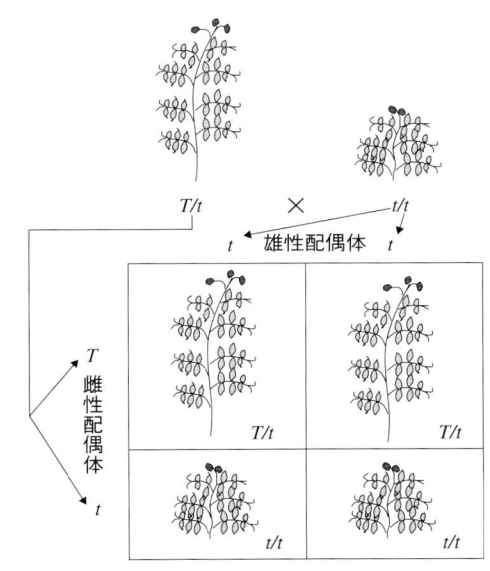

図 1.2 戻 し 交 雑
優性形質を示す個体の遺伝子型が不明のとき劣性形質を示す個体を交雑する．

子の表現型は 1：1 に分離する（**図 1.2**）．

　ABO 血液型を遺伝子型で説明すると，A と B と O は互いに対立遺伝子であり，A と B は O に対して優性であり，A と B の間は優劣関係がない．遺伝子型が A/A と A/O は A 型であり，B/B と B/O は B 型，O/O は O 型，A/B は AB 型となる．この遺伝子型と表現型の関係がわかれば，前述の親子関係は理解できよう（**図 1.3**）．

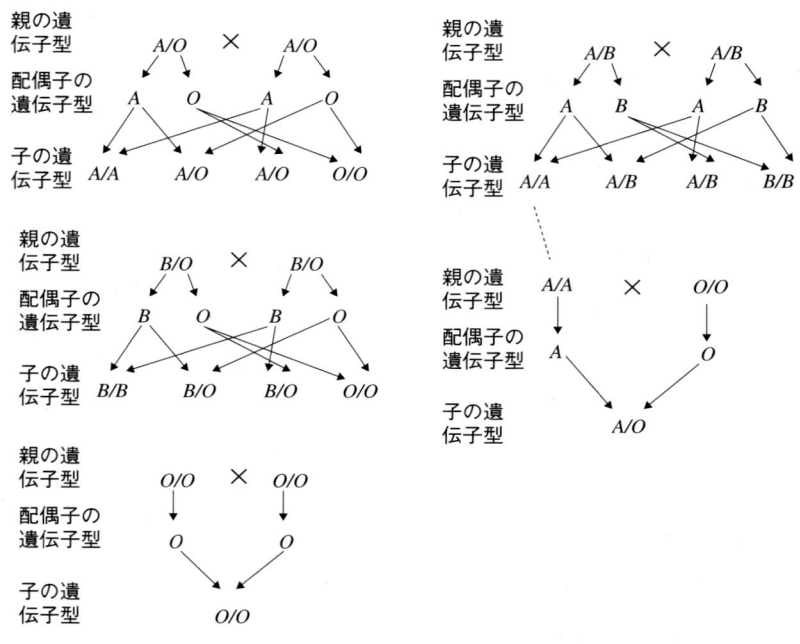

図 1.3 ABO 血液型の遺伝の例

b. 独立の法則

2つの異なる遺伝子は一般に独立して遺伝する．エンドウの種子に丸いものと縮んでしわがあるものがあり，丸いものが優性である．また，種子が黄色のものと緑色のものがあり，黄色が緑に対して優性である．丸い黄色の種子をもつ純系としわがあり緑色の種子をもつ純系の間の F_1 の種子は丸く黄色であるが，F_1 個体につく F_2 種子には，丸い黄色，しわがあり黄色，丸い緑色，しわがあり緑色の4種類が生じる．その比率は 9：3：3：1 になる．

丸い種子の対立遺伝子を R，しわがある種子の対立遺伝子を r，黄色の種子の対立遺伝子を Y，緑色の種子の対立遺伝子を y とすると，丸い黄色の種子をもつ純系の遺伝子型は R/R；Y/Y で，しわがあり緑色の種子をもつ純系の遺伝子型は r/r；y/y，F_1 は R/r；Y/y となる．F_1 は R；Y，r；Y，R；y，r；y の4種類の遺伝子型の配偶子を 1：1：1：1 の比率でつくる．その雌性配偶子と雄性配偶子が均等に受精すると，R と Y の両方をホモまたはヘテロでもつものが 9，Y をホモまたはヘテロでもち r ホモのものが 3，R をホモまたはヘテロでもち y ホモのものが 3，r と y が共にホモのものが 1 の比率で生じる（図 1.4）．このように，2対の遺伝子が独立して遺伝することを独立の法則という．

R/r；Y/y の F_1 において，配偶子の遺伝子型が期待通り R；Y，

種子の色
エンドウの種子の形質がメンデルの法則の発見に貢献したが，種子の形質は注意が必要である．種子の色は，子葉や胚乳の色の場合と種皮の色の場合がある．メンデルが扱った種子の形質は，子葉の特性であったため，F_1 の個体にできた種子で 3：1 に分離する，つまり1つのさやの中で種子の特性が分離するものであった．しかし，種皮の色の場合，種皮は母親の組織であるため，1つのさやの中で種子の色が分離することはない．ダイズの黒豆と黄色の豆の違いは種皮の色の差である．

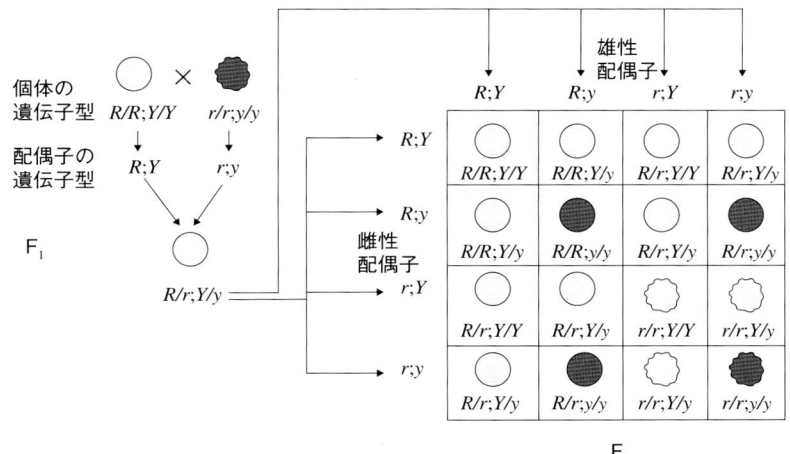

図 1.4 独 立 の 法 則
異なる遺伝子は独立して遺伝し，両親が2つの遺伝子で形質が異なるとき，そのF_2では，4つの表現型が9：3：3：1の比率で生じる．

$r;Y, R;y, r;y$で1：1：1：1に生じたかどうかは，F_1に劣性遺伝子のホモ接合体である親を戻し交雑することによって検定できる．このように，配偶子での遺伝子の分離を調べるため，劣性遺伝子ホモの親を戻し交雑することを検定交雑（test cross）という．2対の遺伝子が，独立して遺伝しない場合がある．その原因は，遺伝子の連鎖である．遺伝子は染色体上にさまざまな間隔で存在する．染色体上の遺伝子がある位置を遺伝子座（locus）という．2つの遺伝子の遺伝子座が近いと，独立して遺伝せず，配偶子の遺伝子型が1：1：1：1にならない．遺伝子の連鎖については第4章を参照されたい．

■コラム■　HLA と生殖行動

　白血球の血液型である HLA（human lymphocyte antigen）は，骨髄移植や臓器移植の適合性を決定するため，最近よく知られてきている．移植に際してはその型が一致する必要があるが，HLA にはきわめて多数の型があるため，適合する組合せを探すのが容易ではない．HLA は免疫機構にかかわっており，ある種の病気になりやすいかどうかが HLA の型で決まる場合もあり，エイズ感染後の発病までの期間が HLA 型によって異なるという報告もある．HLA 遺伝子座は，大きな遺伝子座であり，多数の遺伝子が存在し，それぞれの遺伝子が多数の対立遺伝子をもっている．類似の遺伝子座は多くの動物にあり，MHC（major histocompatibility complex）と呼ばれる．マウスの雌は，異なる遺伝子型の MHC をもつ雄を好むことがわかっている．魚においても異なる遺伝子型を好むことが示されている．これは，MHC 遺伝子座に個体の匂いを決める遺伝子も存在し，自分と異なる匂いを発する雄に魅かれるものとされている．雌が異なる MHC 遺伝子型をもつ雄に魅かれるということは，子孫が多様な MHC 遺伝子型をもつことになり，生物の適応として理にかなっている．しかし，ヒトでは逆の結果も報告されている．

② 古典遺伝学的な遺伝子の概念

〔キーワード〕古典遺伝学，優性と劣性，補足遺伝子，同義遺伝子，抑制遺伝子，上位性，微働遺伝子と主働遺伝子，致死遺伝子，多面発現，伴性遺伝，一遺伝子一酵素説，突然変異，遺伝子記号

　DNA が遺伝子の実体であることがわかり，個々の遺伝子を DNA の塩基配列情報ととらえるようになった．このような最近の遺伝学を分子遺伝学という．これに対し，メンデルが考えたように親から子に伝わる因子を遺伝子ととらえ，遺伝子の数や働きを推定するような遺伝学を古典遺伝学という．ここでは，古典遺伝学的な遺伝子の概念を理解する．

2.1　対立遺伝子の関係

a.　優性と劣性

　異なる特性をもつ純系間の F_1 において表現型としてあらわれる形質を優性，あらわれない方を劣性といい，優性形質を支配する対立遺伝子を優性遺伝子（dominant allele），劣性形質を支配する対立遺伝子を劣性遺伝子（recessive allele）という．メンデルの法則では一方の対立遺伝子を優性，他方を劣性として遺伝現象を説明したが，優劣性が単純でない遺伝子もある．対立遺伝子の優劣性が生じる機構については，本章の「2.5　酵素と遺伝子」で述べる．

b.　不完全優性と共優性

　赤花と白花の F_1 が桃色の花となったり，病害抵抗性の親と罹病性の親の F_1 が抵抗性の親より少し弱い抵抗性を示したりするように，一対の対立遺伝子に支配されている形質で，F_1 が両親の中間型の特性を示す場合がある．F_2 では，表現型が一方の親の型と中間型と他方の親の型が 1：2：1 に分離する．ヘテロ接合体において一方が他方に対して完全に優性にならないため，中間型となるもので，このような対立遺伝子の関係を不完全優性（incomplete dominance）という．

一方，対立遺伝子がそれぞれ異なる特性をもたらし，ヘテロ接合体がその両方の特性を示す場合があり，これを共優性（codominance）という．ABO 血液型の A と B は共優性の関係にある．

c. 複対立遺伝子

一つの遺伝子座に対立遺伝子が3つ以上ある場合，それらを一括して複対立遺伝子（multiple alleles）という．ABO 血液型の A, B, O の遺伝子は複対立遺伝子である．*HLA* など動物の組織適合性の遺伝子や，植物の自家不和合性にかかわる S 遺伝子には多数の複対立遺伝子がある．このような特殊な遺伝子でなくとも，何種類もの突然変異がある場合，完全に機能を失っている突然変異遺伝子や部分的に機能を保持している突然変異遺伝子があり，それらは正常な野生型（wild type）の遺伝子とともに，複対立遺伝子の関係にある．ショウジョウバエの目の色や，イネのアントシアン色素による着色の遺伝子に，多数の複対立遺伝子が知られている．

2.2 遺伝子座間の関係

2つ以上の異なる遺伝子座が，共に1つの形質にかかわる場合がある．互いの遺伝子座の関与の仕方がさまざまある．

a. 補足遺伝子

ある形質の発現に，異なる遺伝子座の優性対立遺伝子が共に必要な場合，その異なる遺伝子を補足遺伝子（complementary gene）という．スイートピーの異なる白花系統の間の F_1 が紫色になり，F_2 での紫花と白花の分離比が9：7となったことから明らかとなった（**図 2.1**）．色素は数段階の化学反応により合成され，それぞれの反応に異なる優性遺伝子の作用が必要なとき，それらの遺伝子は互いに補足遺伝子となる（**図 2.2**）．

b. 同義遺伝子（重複遺伝子）

異なる2つ以上の遺伝子が同一の形質に関与している場合，これらを同義遺伝子（multiple gene）という．どちらか一方が優性対立遺伝子であれば野生型の表現型で，2つの遺伝子の両方が劣性対立遺伝子の場合にのみ変異形質を示すので，F_2 での野生型と変異型の分離比は15：1となる（**図 2.3**）．同じ遺伝子が重複している場合，それらは同義遺伝子となる．効果が累積的で F_2 で9：6：1に分離する場

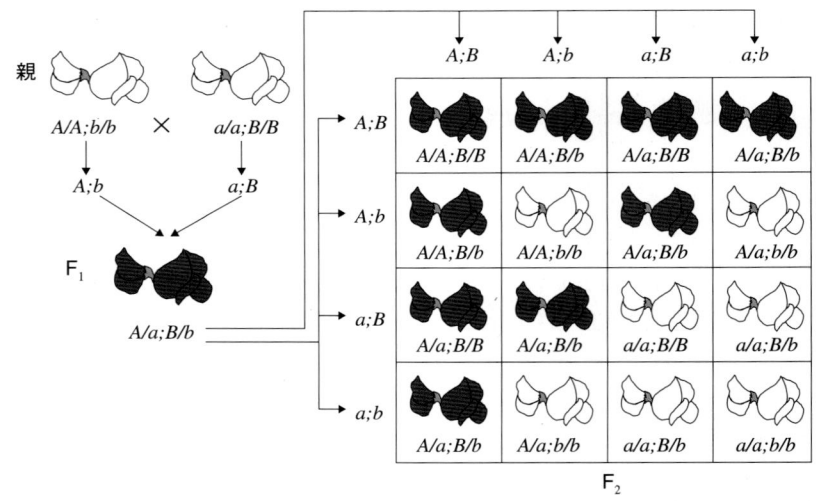

図 2.1 1つの形質が独立した2つの補足遺伝子に支配される場合，F$_2$では優性形質と劣性形質が9：7に分離する．両親が劣性形質を示していてもF$_1$で優性形質があらわれる．

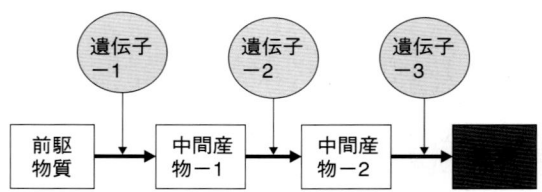

図 2.2 一連の合成経路にかかわる遺伝子-1から-3のうち2つに突然変異がおこり，合成反応を進めることができない対立遺伝子が生じれば，互いに補足遺伝子となる．

合を同義遺伝子とし，15：1となる場合は重複遺伝子ということもある．

c. 抑制遺伝子

Aの遺伝子座の優性対立遺伝子が，Bの遺伝子座の優性対立遺伝子の作用を抑制する場合，Aを抑制遺伝子（repressor gene）という．AとBが独立の場合，Bの優性対立遺伝子による特性がF$_2$において3/16の率で生じることになる．一方の遺伝子が，他方の遺伝子の作用を直接抑制する場合がこれにあたる．花の色素合成の経路に白→黄→白の段階があるが，黄色の色素の前後の反応にかかわる遺伝子に変異があれば，後の段階の反応にかかわる遺伝子が前の反応にかかわる遺伝子に対して見掛け上抑制遺伝子として作用し，F$_2$で白：黄が13：3となる（**図 2.4**）．

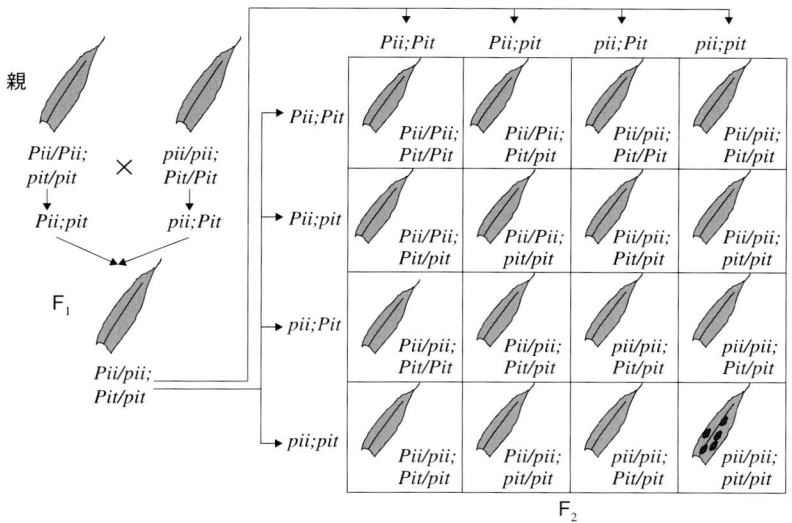

図 2.3 優性の *Pii* と *Pit* 遺伝子は共にいもち病抵抗性をもたらすため，同義遺伝子である．両親が優性の *Pii* と *Pit* をそれぞれホモ接合でもつとき，F_2 では 1/16 で感受性個体が生じる．

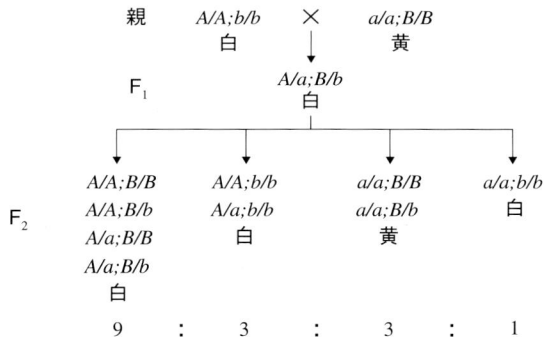

図 2.4 A 遺伝子が B 遺伝子の抑制遺伝子で独立している場合，F_2 で B 遺伝子による優性形質を示す個体が 3/16 の割合で生じる．

d. 上位性 (epistasis)

B 遺伝子座の優性対立遺伝子の作用に A 遺伝子座の優性対立遺伝子が必要な場合，*aaBB* と *aaBb* が *aabb* と同じ表現型になるため，F_2 での分離比が 9：3：4 となる．このような場合，A が B に対して劣性上位という．A 遺伝子座の優性対立遺伝子の存在下では，B 遺伝子座の優性対立遺伝子の作用が覆い隠される場合，*AABB*，*AaBB*，*AaBb* がすべて *AAbb* や *Aabb* と同じ表現型になるため，F_2 での分離比が 12：3：1 となる．この場合，A が B に対して優性上位という．

2.3 遺伝子のさまざまな作用

a. 主働遺伝子と微働遺伝子

草丈の高さや子実の重さのような量的な形質は，F_2でメンデルの法則で示したようにはっきりと3：1に分離するのではなく，連続的に分離することが多い．このような形質には，効果が小さい多数の遺伝子が同義的に作用していることが多く，このような効果が小さい遺伝子を微働遺伝子（minor gene）あるいはポリジーン（polygene）という．これに対し，メンデルの法則のように形質がはっきりと不連続に分離するものを主働遺伝子（major gene）という．

b. 致死遺伝子

劣性遺伝子がホモ接合になると個体が正常に生育できず，死ぬ場合がある．このような遺伝子を致死遺伝子（lethal gene）という．生存に必須の遺伝子で，その遺伝子の働きを補完する遺伝子がない場合，突然変異でその遺伝子が欠失したり機能不全になれば致死遺伝子となる．植物の突然変異として，アルビノ（白子，albino）はもっとも高頻度に生じるものであるが，植物のアルビノはクロロフィルを欠失し光合成できないため，発芽してすぐに枯死する．このような致死遺伝子は，ヘテロ接合体で維持される．100％致死になるのではなく，部分的に致死になる半致死もある．花粉が正常に発達できないあるいは受精能力がないというように，配偶子が致死になる場合もある．受精能力が正常な花粉に比べて劣るという変異もある．半致死遺伝子や配偶子の致死遺伝子は，F_2での分離比が3：1から外れる原因となる．

c. 多面発現

1つの遺伝子が複数の形質の発現を支配することを多面発現（pleiotropy）という．メンデルが使ったエンドウの紫花と灰色種皮は同じ遺伝子による形質で，多面発現である．白花や黄花の個体は茎が緑色であるのに対し，赤花や紫花の個体は茎が赤くなるものが多い．トマトのネコブ線虫抵抗性遺伝子はアブラムシ抵抗性ももたらす．このように，古典遺伝学的には異なる形質が1つの遺伝子に支配されることが多いが，花と茎の色の多面発現は色素合成にかかわる遺伝子が花と茎の両方で働いたものであり，トマトの抵抗性は同じ防御機構が線虫と昆虫というかなり異なる生物に同様に作用したものと理解できる．一方，これまで1つの遺伝子の多面発現とされていたものが，研

究が進んで複数の遺伝子の複合体に支配されていることがわかることもある．サクラソウやソバで見られる異形花不和合性（図 2.5）は，もともと 1 つの遺伝子（S 遺伝子）で雌ずい（雌しべ）の長さや雄ずい（雄しべ）の位置，柱頭細胞と花粉の大きさ，雌ずいと花粉の不和合反応が決定されるとされたが，その後の研究でこれら特性が密に連鎖した異なる遺伝子によりそれぞれ支配されていることがわかった．密に連鎖した対立遺伝子の一組をハプロタイプという．

d. キセニア

胚乳の形質に雄親（花粉親）の影響があらわれることをキセニア（xenia）という．黄色い種子のトウモロコシの雌ずいに黒い種子のトウモロコシの花粉を受粉すると黒い種子になる．黄色と黒の花粉を混合して受粉すると，黄色と黒の種子が 1 つの穂に混在する（図 2.6）．イネのウルチとモチは Wx 遺伝子に支配される胚乳の特性であり，モチは劣性遺伝子 wx によりもたらされるため，モチ品種にウルチ品種

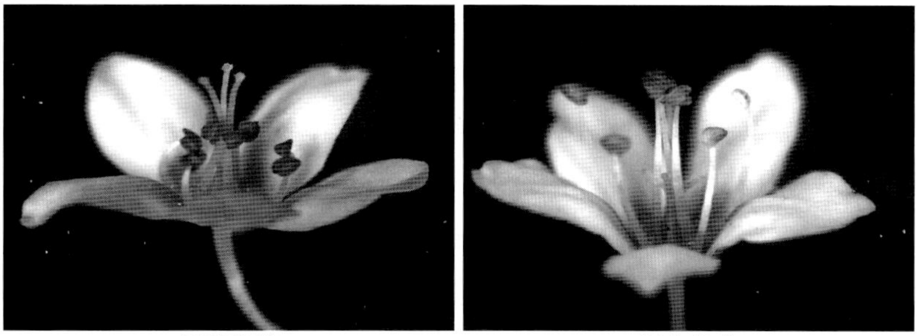

ハプロタイプ
もともと HLA のように複合遺伝子座にある複対立遺伝子の一組をハプロタイプといったが，最近では密に連鎖した DNA の塩基配列変異の一組もハプロタイプといわれるようになった．

長花柱花　　　　短花柱花

図 2.5　ソバの花の 2 つの型（九州沖縄農研　松井氏提供）
長花柱花は花柱が長く花糸が短く，短花柱花は花柱が短く花糸が長い．互いの交雑により種子ができる．

図 2.6　トウモロコシのキセニア
胚乳の色は，花粉の遺伝子型の影響をうける．

の花粉がかかるとウルチになる．胚乳は三倍体の細胞でからなり，トウモロコシ種子の黄色は白色に対して不完全優性で，YYY は濃黄色，YYy は黄色，Yyy は淡黄色，yyy は白色となる．そのため，黄色と白色の交雑で，どちらを雌親とするかによって F_1 種子の色が異なることになり，F_2 では濃黄色，黄色，淡黄色，白色が $1:1:1:1$ に分離する．

2.4　伴性遺伝と母性遺伝

ショウジョウバエは目が赤いが，白目の突然変異があり，白目は劣性で，その遺伝子は性染色体である X 染色体上にある．Y 染色体にはこの遺伝子がない．白目のホモの雌に赤目の雄をかけると F_1 は赤目の雌と白目の雄になるが，赤目のホモの雌に白目の雄をかけると F_1 は雌も雄も赤目になる（図 2.7）．このように，遺伝子が性染色体にあるため，表現型が雄と雌で異なるようになることを伴性遺伝（sex-linked inheritance）という．伴性遺伝は，ヒトの血友病などでも知られている．しかし，植物は雌雄異株（動物では雌雄異体という）のものは少なく，両性花のものが多いため，植物での伴性遺伝はあまり知られていない．性染色体の研究が最も活発になされているマンテマ属の *Silene latifolia* で細葉の変異が伴性遺伝することが知られている．

一方の性に限ってあらわれる遺伝現象は，限性遺伝（sex-limited inheritance）という．X 染色体上の遺伝子が突然変異をおこしており，

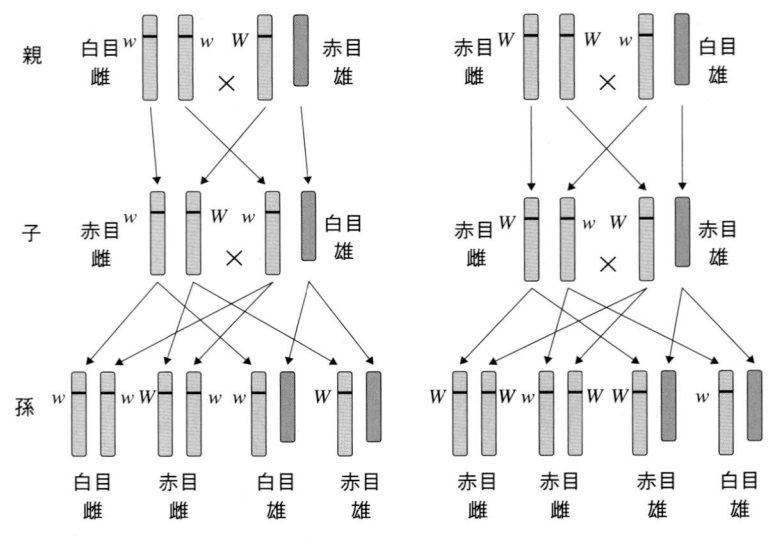

図 2.7 伴性遺伝の例
遺伝子が X 染色体上にある場合，表現型は性により異なる．

Y染色体に正常な遺伝子がある場合は，X染色体上の劣性の突然変異遺伝子がホモ接合になったときに突然変異形質があらわれる．この劣性形質は雌にのみあらわれることになる．Y染色体に優性の遺伝子があり，X染色体にはその遺伝子がない，あるいは劣性遺伝子しかない場合は，その優性形質は雄にのみあらわれることになる．

雌雄性のあるなしにかかわらず，交雑に用いた雌親の遺伝子を引き継ぐことを母性遺伝（maternal inheritance）という．ミトコンドリアや葉緑体の遺伝子は母性遺伝する．これらは核外の遺伝子であり，細胞質遺伝ともいう．ミトコンドリアや葉緑体の遺伝子が雄親の方を引き継ぐ父性遺伝（paternal inheritance）をする植物もある（第11章参照）．

2.5 酵素と遺伝子

色素などの物質は多数の化学反応の結果合成されるが，その各段階で働く酵素がそれぞれの遺伝子によりつくられるとする仮説が一遺伝子一酵素説（one gene : one enzyme hypothesis）と呼ばれる．1つの酵素が複数のポリペプチドのサブユニットからなっていて，各サブユニットが異なる遺伝子によってつくられるものがあったり，酵素以外のタンパク質の情報ももつ遺伝子もあるため，一遺伝子一ポリペプチド説（one gene : one polypeptide hypothesis）の方がより正確と考えられる（RNAが他の遺伝子の発現を制御したり酵素としての活性をもつ例も知られており，遺伝子が常にポリペプチドと対応しているわけではない）．

エンドウの花の色やショウジョウバエの目の色が古典遺伝学の発展に大きく寄与した形質であり，それらの色素の合成経路と各段階の反応にかかわる酵素や各酵素の遺伝子が明らかとなってきた．ショウジョウバエの目の色は，赤い色素と褐色の色素の2種類からなるが，赤い色素が欠失する突然変異体では褐色になり，褐色の色素が欠失する突然変異体では赤になり，両方欠失すると白になる．一連の色素合成経路では，どの酵素が欠失しても最終産物である色素が合成できない．酵素ができないようになった突然変異遺伝子と正常な対立遺伝子のヘテロ接合体では，正常な対立遺伝子によって酵素ができることから，色素が合成される．つまり，正常な対立遺伝子が突然変異遺伝子に対して優性となる（図2.8）．

ABO血液型ではAとBとOが複対立遺伝子となっているが，どの対立遺伝子であってもO抗原（H抗原ともいわれる）はつくる．A

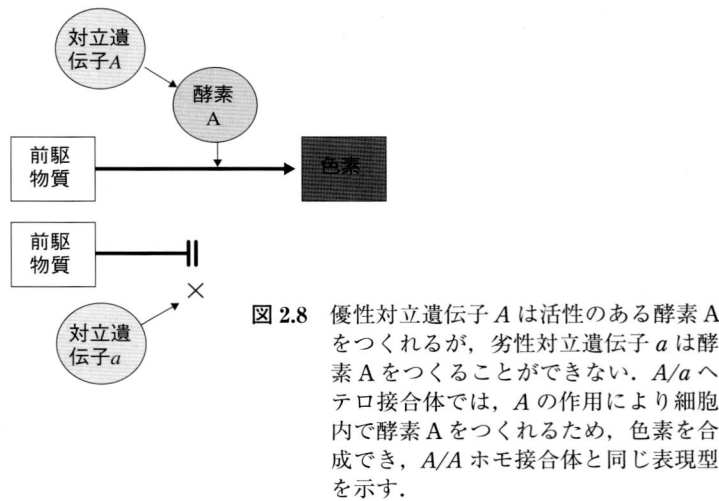

図 2.8　優性対立遺伝子 A は活性のある酵素 A をつくれるが，劣性対立遺伝子 a は酵素 A をつくることができない．A/a ヘテロ接合体では，A の作用により細胞内で酵素 A をつくれるため，色素を合成でき，A/A ホモ接合体と同じ表現型を示す．

植物の色素合成
花を赤や青の色にするアントシアン系色素は，フェニルアラニンから 8 段階以上の反応により合成される．それぞれの段階にかかわる酵素と，それら酵素の遺伝子が明らかにされている．

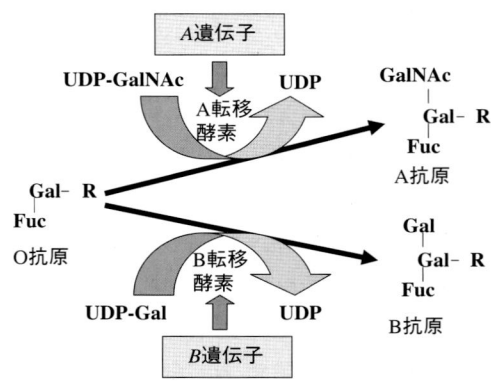

図 2.9　ABO 血液型の決定機構
A 転移酵素：N-アセチルガラクトサミルトランスフェラーゼ
B 転移酵素：ガラクトサミルトランスフェラーゼ
GalNAc：N-アセチルガラクトサミン，Gal：ガラクトサミン，Fuc：フコース，UDP：ウリジン二リン酸，R：共通の糖鎖

対立遺伝子は N-アセチルガラクトサミルトランスフェラーゼをつくり，O 抗原に N-アセチルガラクトサミンを付加し，A 抗原をつくる．B 対立遺伝子はガラクトサミルトランスフェラーゼをつくり，O 抗原にガラクトースを付加し，B 抗原をつくる．N-アセチルガラクトサミルトランスフェラーゼとガラクトサミルトランスフェラーゼは 4 つのアミノ酸が異なるだけである．O 対立遺伝子は遺伝子内に欠失があり，これらの酵素をつくれない．A/O ヘテロ接合体や B/O ヘテロ接合体はそれぞれ A と B の抗原をつくれるので，A と B は O に対して優性で，A と B は共優性となる（図 2.9）．

2.6 突然変異遺伝子

　古典遺伝学では，突然変異による対立遺伝子があることによって研究が進んだ．紫花や赤花が主となる植物において，白花の変異はよくあり，このような自然突然変異が研究に利用されてきた．遺伝子機能の研究や育種を目的として，放射線照射や変異剤の処理を行って突然変異を誘発することもよく行われる．自然突然変異や人為誘発突然変異で生じる突然変異遺伝子のほとんどは，もとの野生型の遺伝子に対して劣性となる．これは突然変異によって遺伝子が破壊され，機能を失ったために劣性となるものである．

2.7 遺伝子記号

　メンデルの法則を理解するため，遺伝子をアルファベットの大文字と小文字であらわすことが一般に行われ，本書でもそのようにして説明した．しかし，多数の遺伝子が明らかにされ，同じ遺伝子に異なる名前がついたり，異なる遺伝子に同じ名前がつくと混乱のもとになるので，生物ごとに遺伝子記号を登録して整理されるようになり，その際の遺伝子記号の書き方のルールがつくられている．

　遺伝子記号はイタリックのアルファベットで表示することはすべての生物で共通するが，同じ植物でも種が異なれば多少ルールが異なる．シロイヌナズナでは，遺伝子記号はできるだけ3文字で示し，劣性突然変異遺伝子を小文字であらわす（*abc*）．野生型遺伝子は大文字で*ABC*のようにあらわす．その遺伝子産物のタンパク質はイタリックではない大文字で示す（ABC）．複対立遺伝子はハイフンの後の数字で区別し（*abc-2*），表現型が近似する異なる遺伝子座の遺伝子はハイフンを付けず数字で区別する（*abc2*）．トウモロコシでは，遺伝子記号は3文字が望ましいとされるが，1文字や2文字のアルファベットであらわされている遺伝子も多い．劣性遺伝子を小文字であらわし，優性遺伝子は大文字で始める（*Abc*）．表現型が近似する異なる遺伝子はハイフンを付けず数字で区別し，複対立遺伝子はハイフンの後の数字または文字で区別するが（*abc-2*，*abc-b*），野生型の複対立遺伝子や共優性の複対立遺伝子は+の後に数字や文字を付ける（*Abc+3*）．遺伝学的研究が進んでいるこれら2種の間で，優性遺伝子や野生型複対立遺伝子の表現法が異なる．

　ヘテロ個体の遺伝子型をあらわすときは*Abc/abc*のようにスラッシ

ュを用い，ある個体の複数の遺伝子型を示す場合は，独立した遺伝子であればセミコロンで区切り（*Abc/abc*；*Bcd/bcd*），連鎖した遺伝子ではスペースを空ける（*Abc Acd/abc acd*）．

ここで述べた遺伝子記号の書き方は，20年以上前の書き方とは異なっている．古い書き方で遺伝子記号が書かれている場合もある．古い書き方では，遺伝子記号はイタリックで短く書き，劣性遺伝子は小文字であらわし（*abc*），優性遺伝子は大文字で始める（*Abc*）．野生型は＋であらわし，複対立遺伝子は右肩に文字または数字で示す（*abc*^{2}）．表現型が近似する異なる遺伝子はハイフンの後または右下に数字で区別する（*abc−2* あるいは *abc*$_2$）．このようにハイフンの意味がまったく異なるので注意が必要である．

■コラム■　Sハプロタイプの多様性

　自家不和合性は，自分の個体の花粉が受粉されたときは受精せず，他個体の花粉が受粉されたときには受精して種子が得られる性質で，近交弱勢を防ぎ，集団の遺伝的多様性を保持するのに優れた機構であるため，多数の被子植物が有するものである．自己と非自己の識別は，同じS複対立遺伝子（*S−1*, *S−2*, *S−3*, ……, *S−n*）をもつ花粉を自己花粉と認識することによって行われる．1つの植物種に存在するS複対立遺伝子の数はさまざまな推測がなされているが，キャベツを含む種（*Brassica oleracea* L.）のS複対立遺伝子の収集をライフワークにしたイギリスの研究者によると50であるとされる．この数はもちろん種によって異なる．雌雄性の場合は，交雑できる相手は集団の中の半数の個体であるが，S複対立遺伝子が50種類あれば，単純に言えば集団の中の49/50の相手と交雑できることになり，自ら動くことができない植物にとっては雌雄性よりも優れている．ちなみに，S複対立遺伝子はもともとS_1, S_2というように右下の数字で区別されたが，複対立遺伝子の表記法が変わったため，今は*S−1*, *S−2*というようにハイフンで番号を付けている．しかし，S複対立遺伝子の表記法は研究者間で統一がとれていない．最近の分子遺伝学的研究の進歩により，S複対立遺伝子は単純な遺伝子ではなく，雌ずい側の認識特異性を決める遺伝子と花粉側の認識特異性を決める遺伝子のセットからなるハプロタイプであることが解明され，S複対立遺伝子はSハプロタイプと呼ばれるようになった．

③ 遺伝と細胞

〔キーワード〕 核，染色体，体細胞分裂，細胞周期，減数分裂，受精，核相交代

　メンデルによって確立された「遺伝」の概念は，実際に生命の営みの中でどのように反映されているのだろうか．それを知るには，細胞という実体をよく観察し，そのふるまいを正しく理解しなくてはならない．

　サットン（W. S. Sutton）は，バッタの精母細胞について，精子ができるまでの染色体の様子を観察し，減数分裂の現象を発見した（1902年）．その結果，メンデルの遺伝の法則が染色体の行動で説明できると提唱した（染色体説）．これが，メンデルのアイデアを細胞レベルで実証した最初の研究である．

　この章では，まず細胞分裂のしくみを学ぶ．さらに，遺伝情報は細胞分裂によって染色体を介して伝えられるので，細胞分裂の際の染色体の行動について理解していこう．

3.1　体細胞分裂と減数分裂

a.　遺伝情報と染色体

（1）核内の遺伝情報　真核生物の遺伝情報は，1辺がおよそ10〜100 μm（1 μm（マイクロメートル）= 1/1000 mm）ほどの小さな細胞の核内にある．核とは，細胞の中に1個ずつ見られる直径数 μm〜数十 μm のほぼ球形の構造体で，核膜に包まれている．植物の細胞（図3.1）を見てみると，核は細胞質の中に浮かんでいて，それら全体は細胞膜で包まれ，さらに固い細胞壁で被われている．細胞質には，遺伝情報（DNA）を格納している核以外に，ミトコンドリア（酸素呼吸とエネルギー生産の場），リボソーム（タンパク質合成の場），小胞体（タンパク質の輸送経路），ゴルジ体（タンパク質の貯蔵と分泌），葉緑体（光合成の場），液胞（色素や老廃物などの貯蔵），リソソーム

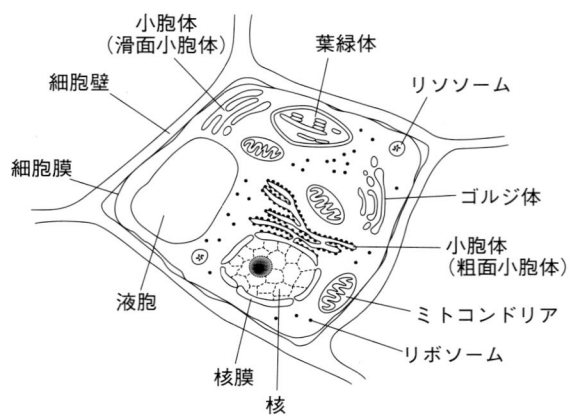

図 3.1　植物細胞の構造

（不要物分解の場）などが散らばっている．これらは細胞が生命活動を行うために必要なもので，細胞小器官と呼ばれる．

（2）染色体の構造　細胞の核内にある DNA は，核の大きさに対してその 1000 倍以上の長さをもち，普段は核中に糸状の形態で浮かんでいる．このような長い DNA は，小さな細胞の中でどのように扱われているのだろうか．たいていの生物では，長い DNA をいくつかの断片に分けて核内に収納している．そして，その断片がいくつに分かれるかは種によって決まっている．このように断片にするのは，核内で DNA の糸同士がからまらないようにするための工夫であるとも考えられる．実際には，DNA はヒストン（histone）というタンパク質に 2 回ずつ巻きついており，この単位をヌクレオソーム（nucleosome）と呼び，これが糸状に連続した構造をクロマチン（染色質，chromatin）と呼ぶ．このクロマチンは，細胞が分裂するときにはそれぞれ断片ごとにコンパクトに収縮し，「染色体」という構造体がつくられる．それで，染色体の数は生物種によって固有なのである．

　染色体（図 3.2）には，どの染色体にも共通する 3 つの構造がある．
　1 つはテロメア（telomere）という染色体の末端部にある特別な構造で，ほとんどの生物では，その部分の DNA は「TTTAGGG」という塩基配列が何回も繰り返して並んでいる．染色体は，テロメアを端にもつことで，染色体が傷ついたり，他の染色体とくっついたりすることから守られている．

　2 つ目は染色体 DNA 上の複製起点である．1 個の細胞が分裂するとき，染色体ごとに，端から端までそっくりもう 1 本の染色体 DNA のコピーをつくるが，これを姉妹染色分体（sister chromatid）という．分裂後には，2 個の娘細胞それぞれに姉妹染色分体の 1 本ずつが分配

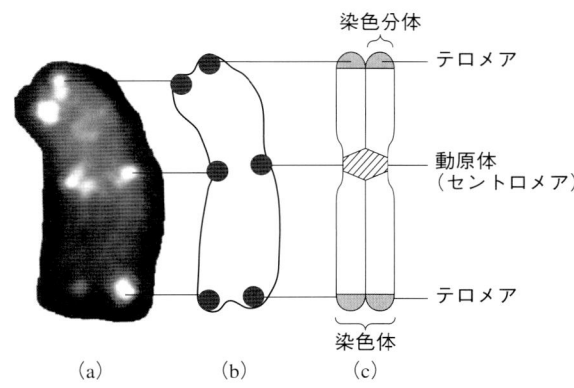

図 3.2　染色体の構造
(a) 蛍光 *in situ* ハイブリダイゼーション（FISH）実験（第 11 章）によって動原体とテロメアを検出した染色体像.
(b) 写真（a）の模式図.
(c) 染色体の構造の模式図. 写真（a）でみられたシグナルは，染色分体 1 本ずつに位置している.

される．そうすれば娘細胞同士は，もともとの 1 個の細胞とまったく同じ遺伝情報をもつことになる．そして，コピーが始められる DNA 上の場所を複製起点といい，植物などの真核生物は 1 本 1 本の染色体 DNA が非常に長いため，複製起点が染色体当たり何カ所も備わっている．そのため DNA の複製の時間を大幅に短縮でき，コピーのミスも防ぐことができる．

　3 つ目は動原体（セントロメア，centromere）と呼ばれる部位で，分裂のためにコピーされた染色体の腕をつなぎとめて，染色体の形を維持している．さらに次項でも説明するが，動原体は染色分体が細胞の両極へ分離するときに紡錘糸が結合する場所で，細胞分裂において染色分体が均等配分されるための重要な役割をもつ．

　このように DNA は，核の中で染色体に姿を変えて，細胞分裂に備えるのである．それは，DNA が糸状のままふるまうよりもはるかに，からまったりする危険を回避できるし，細胞分裂を圧倒的に速く進めることができる．

b.　体細胞分裂と細胞周期（図 3.3）
　細胞は，1 個の母細胞が 2 個の娘細胞へ分かれる「細胞分裂」によって増える．すべての生物は細胞から成り立っていて，細菌や酵母菌などの単細胞生物は細胞の分裂によって個体を増殖させ，植物や動物などの多細胞生物では細胞分裂が個体の成長をもたらす．
　（1）体細胞分裂　　体細胞分裂では，先に有糸分裂（核の分裂）がおこり，続いて細胞質分裂（cytokinesis）がおこる．細胞分裂前の細

染色体と染色分体
1 個の染色体は，2 本の染色分体が動原体でつながった形をしている．このような形で見られるのは細胞分裂の際で，普段の細胞（DNA 複製以前の間期）では，染色体は 1 本で存在し，細胞分裂のためにもう 1 本複製するのである．

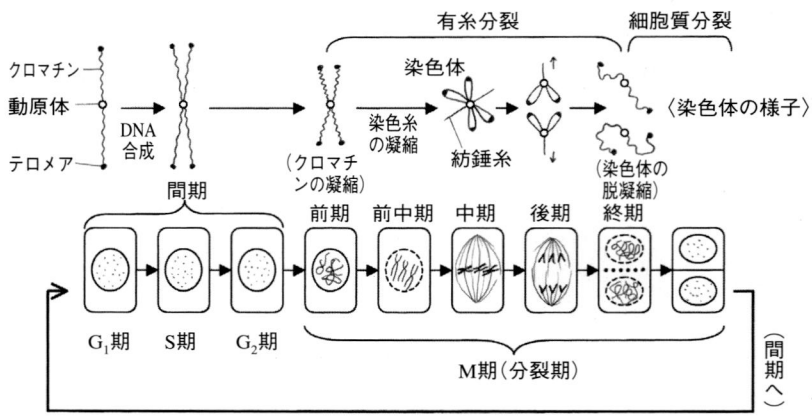

図 3.3 体細胞分裂の過程と細胞周期

胞は母細胞，生じた新しい細胞は娘細胞と呼ばれる．有糸分裂がおこる前には間期という時期があり，その間に核内の染色体はすべてコピーされ，もとの2倍に増えている．

【有糸分裂（核の分裂）】 有糸分裂（mitosis）では，染色質（染色体）が経時的に形態の変化を見せる．その過程を前期・前中期・中期・後期・終期の5期に分けて説明しよう．

① 前期（prophase）：母細胞の核内に拡散していたクロマチンが凝縮を始め，ひも状に見えてくる．これを染色糸と呼び，間期にコピーされて2本になった姉妹染色分体同士が動原体でくっついた形をとっている．

② 前中期（prometaphase）：染色糸がさらに凝縮を続けて太くなり，1本ずつが個々に認識できる染色体と呼ばれる形態になる．核膜は消失して見えなくなり，細胞の両端あたり（両極）から紡錘糸が伸びてきて染色体の動原体に付着し，染色体は活発に動き始める．

③ 中期（metaphase）：染色体がもっとも凝縮した状態となり，種や属に特有の染色体の数と形態がはっきりする．すべての染色体が紡錘体（多数の紡錘糸からなる紡錘形の構造）内の中央の赤道面に並ぶ．

④ 後期（anaphase）：紡錘糸が収縮し，もとの位置に戻っていく．染色体の動原体に付着したまま両極へ収縮していくので，赤道面に並んでいた染色体は，姉妹染色体分体ごとにそれぞれ逆方向へ紡錘糸によって引っ張られ，両極へと移動する．その結果，母細胞の中にはまったく等しい二組の染色体のセットが生じる．

⑤ 終期（telophase）：母細胞の両極に移動した染色体は，前期の過

程を逆にたどって脱凝縮を始めて前期の染色体の状態へと戻っていく．さらに核膜が出現し，それぞれの染色体の組を包んで2個の核（娘核）が形成される．

【細胞質分裂】 核分裂の後期の終わりから紡錘体の中央に細胞板と呼ばれるしきりが見えはじめる．このしきりが細胞の端へ向かって広がっていき，やがて母細胞を2つにしきる壁（細胞壁）となる．その結果，母細胞自体が二分される．細胞質の分裂がなされるとき，細胞質に存在する核以外の細胞の構成成分（細胞小器官など）はほぼ2倍になっている．これらは体細胞分裂後，新しく形成された2つの娘細胞それぞれに分配される．

（2）**細胞周期** 細胞が分裂をして増殖するとき，ある細胞が分裂をして2つの娘細胞が生まれると，その新しく生まれた娘細胞が次にそれぞれ分裂を行う．このように細胞の分裂から次の分裂までの周期を細胞周期（cell cycle）と呼び，間期と分裂期からなる．間期は体細胞分裂でいう中間期のことで，G_1, S, G_2 と呼ばれる各期に分かれる．分裂期はM期と呼ばれ，有糸分裂と細胞質分裂がこれに相当する．

間期では，分裂期の直後は G_1 期と呼ばれ，代謝や生理生化学的な反応が進行し，細胞が成長したり遺伝子の発現が盛んに行われたりしている．この期間が終わると，次の分裂の準備として，DNA合成をするS期と，紡錘糸など分裂に必要な道具の合成がなされる G_2 期が続く．そしてその後，分裂期のM期が訪れる．さらに，分化が進んだ細胞などでは，G_1 期から休止期と呼ばれる G_0 期に入り，細胞周期からはずれる場合もある．

G_1, G_2, G_0 期のGはギャップ（gap）の意味で，生命活動は行われているのだが，見た目上，細胞核には何も変化が見られないためそのように呼ばれている．そして，S期のSは合成（synthesis）を意味し，DNA合成がなされている時期を示す．M期はmitosis（有糸分裂）を意味する．

c. 減 数 分 裂

（1）**減数分裂の目的** 多細胞の植物では，生殖のための細胞（生殖細胞）が2個合体して新しい個体を生む．染色体の数で考えると，新しい個体の染色体数は常に親の染色体数と同数である．合体後に親細胞のもつ染色体数を再現するためには，合体前の生殖細胞の染色体数は親細胞の半分になっている必要がある．それで，減数分裂（meiosis）という分裂様式により，親細胞の染色体数を半減した娘細胞を生じさせるのである（体細胞分裂では，親細胞と染色体数はまったく同じになっていた）．

（2）**減数分裂の過程** 減数分裂でも有糸分裂がおこるが，体細胞分裂に比べると複雑で，第一分裂と第二分裂の2種類の分裂が連続しておこる（**図 3.4**）．その結果，1個の母細胞から4個の生殖細胞がつくられる．特に第一分裂の前期が体細胞分裂と大きく異なっている．

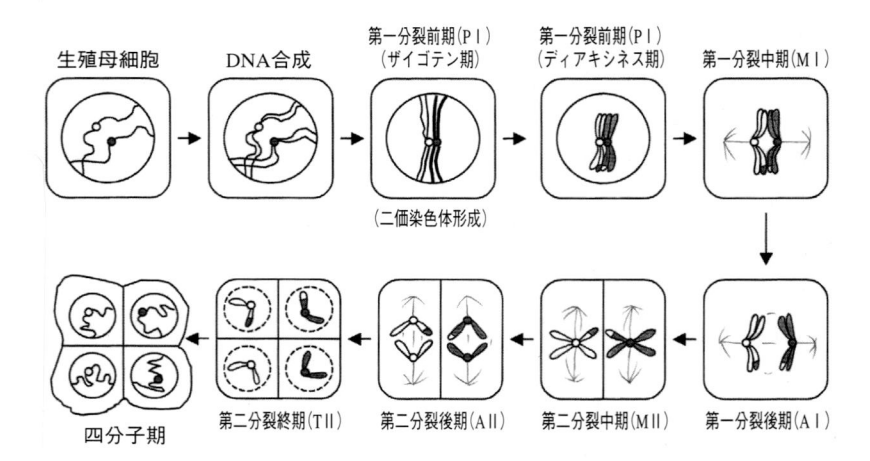

図3.4 減数分裂の模式図（植物）

【母細胞形成】 将来生殖細胞になる細胞は，雄側，雌側ともに体細胞分裂を繰り返して母細胞になる．その後細胞容積を増大させ，減数分裂開始までにDNA合成（染色体の倍加）が行われる．植物では，雄ずいの葯内に将来花粉となる花粉母細胞（pollen mother cell；PMC）ができ，雌ずいの胚珠内には将来胚のうとなる胚のう母細胞（embryo sac mother cell；EMC）ができる．

【減数分裂第一分裂】 相同染色体同士の「対合（pairing）」がおき，二価染色体ができる．2本の相同染色体上の相同遺伝子を互いに交換することと，交換の生じた相同染色体を別々の2個の娘細胞へ分配することが，この分裂の目的である．

① 第一分裂前期（first prophase；PI）：染色体の形態と挙動により，レプトテン（細糸）期，ザイゴテン（接合糸）期，パキテン（太糸）期，ディプロテン（複糸）期，ディアキネシス（移動）期の5期に分けられる．レプトテン期＝クロマチンが収縮をはじめて染色糸になる．ザイゴテン期＝相同染色体の一組一組が接合する．この接合のことを対合といい，対合によって接着した2本の相同染色体を「二価染色体（bivalent）」と呼ぶ．二価染色体はぴったりと接着し，太い1本の染色体のように見える．パキテン期＝二価染色体が凝縮して太くなってくる．個々の二価染色体を区別しやすくなる．ディプロテン期＝接着がところどころ解離し，相同染色体の姉妹染色分体が認識できるようになる．接着している部分では相同染色体間で腕の交換（乗換え，後述）が生じていると考えられ，この交換が生じている場所をキアズマ（chiasma）という．ディアキネシス期＝染色体の凝縮が最大になり，キアズマもはっきりと認識できる．二価染色体は細胞の赤道面へと移動

を始める．核膜は消失していく．
② 第一分裂中期（first metaphase；MⅠ）：二価染色体が赤道面に並び，紡錘体があらわれる．二価染色体のそれぞれの相同染色体へ紡錘糸が付着する（このとき，必ずしも動原体にはつかない）．
③ 第一分裂後期（first anaphase；AⅠ）：相同染色体同士をつないでいたキアズマが解消され，相同染色体が互いに解離して紡錘糸の収縮にともなって細胞の両極へ移動する．このとき，それぞれの相同染色体の姉妹染色分体はコヒーシン（cohesin）というタンパク質により動原体で接着したままである．
④ 第一分裂終期（first telophase；TⅠ）：相同染色体を1本ずつもつ娘核が生じ，染色体は脱凝縮を始める．
⑤ 中間期：第一分裂から第二分裂への移行期．単子葉植物では，細胞質分裂を行い2個の娘細胞になり，双子葉植物では細胞質分裂が見られない．

【減数分裂第二分裂】 第一分裂で生じた2個の娘細胞が，それぞれ体細胞分裂とほぼ同じ様式で分裂し，4個の娘細胞になる．第一分裂で2個の娘細胞それぞれに1本ずつ分配された相同染色体は，第二分裂を経てそれぞれ2本の染色分体に分離する．染色分体は1本ずつ，4個の新たな娘細胞に分配され，最終的に1個の生殖母細胞から4個の生殖細胞が生じる．
① 第二分裂前期（second prophase；PⅡ）：姉妹染色分体のクロマチンが収縮を始めて染色糸になる．核膜は消失している．
② 第二分裂中期（second metaphase；MⅡ）：凝縮した姉妹染色分体が娘細胞それぞれの赤道面に並ぶ．紡錘糸が動原体に付着している．
③ 第二分裂後期（second anaphase；AⅡ）：姉妹染色分体は，コヒーシンが分解されて動原体で分裂し，娘細胞の両極へと引っ張られて移動し，染色分体となる．
④ 第二分裂終期（second telophase；TⅡ）：両極へ集まった染色分体が脱凝縮して核が形成され，核分裂が終了する．
⑤ 四分子期（tetrad）：細胞質分裂が終了し，4つの新たな娘細胞（四分子）が生まれる．

コヒーシン
隣接する姉妹染色分体同士の橋渡しをして接着させる働きをもつ，複数のタンパクの複合体．減数分裂特異的なコヒーシンが知られており，第一分裂後期の開始時に姉妹染色分体腕のみコヒーシンが分解されてその接着が解消され，動原体だけコヒーシンによって接着が維持される．そして，第二分裂後期でこのコヒーシンも分解されて，最終的に姉妹染色分体が分離する．

d. 減数分裂の遺伝的意義

（1）染色体の分配　体細胞分裂で生じる娘細胞は，もとの母細胞とまったく同じ染色体組成が再現される．よってどの娘細胞も染色体組成に関しては均一となる．ところが減数分裂では，1個の生殖母細

胞から4個の生殖細胞が生じるが，その娘細胞には母細胞がもっていた両親由来のゲノムの半数体（一倍体）にあたる染色体のセットが分配される．つまり，生殖母細胞には一方の親から受け継いだある1本の染色体に対して，もう一方の親から受け継いだ相同な染色体がもう1本含まれているので，減数分裂後の4個の生殖細胞には，これらのうちのどちらかが分配されることになる．染色体の数だけ両親のどちらの染色体が分配されるかについて組合せが生じ，できあがった4個の生殖細胞が均一になる確率は非常に低いものになる．

（2）染色体の対合　減数分裂において見られる「対合」は，遺伝的に非常に重要な意味をもつ．染色体の分配の結果，どの生殖細胞も均一にはならないと述べたが，対合が行われることで，さらにさまざまな組合せによる多様性が生じる．

対合の際には相同染色体同士が接着するために，相同染色体間の染色体のつなぎ換えがおこる．これを染色体の交さによる乗換えといい，次の第4章で詳しく説明する．そして染色体の乗換えによって両親の染色体の混ぜ合わせがなされ，両親由来の遺伝子がランダムに組み合わされた新たな染色体が生まれる．その染色体は両親のどちらもがもち得なかった遺伝子の組合せになっている．よって，先に述べた染色体の分配の確率に染色体の乗換えによる遺伝子の組合せのレパートリーが加わると，1つの個体がつくり出す生殖細胞は遺伝的に同一のものはないといえる．減数分裂は，両親由来の遺伝子のセットを混ぜ合わせ，生殖細胞の遺伝的な多様性を生み出す過程であるといえる．

3.2　生殖細胞の形成

植物の減数分裂は，雄ずいの葯の中と，花の子房の中にある胚珠でおこり，それぞれ花粉と胚のうができる．胚のうの中には卵細胞を含む7つの細胞が生じ，植物では，花粉と卵細胞を生殖細胞という．まず，生殖細胞がどのように形成されるのかを説明する．

a. 花　　粉

図3.5のように雄ずいには葯があり，成熟前の葯には葯壁細胞に囲まれるように花粉母細胞（$2n$）がある．花粉母細胞は，葯内で減数分裂の過程を経て4つの細胞からなる四分子（n）になる．その後，1つ1つが離れて細胞壁が肥厚した「花粉」ができる．このとき，体細胞分裂（不等分裂）によって，大きな花粉管細胞（n）と，その中に埋まるように位置する雄原細胞（n）との2つの細胞が生じる．

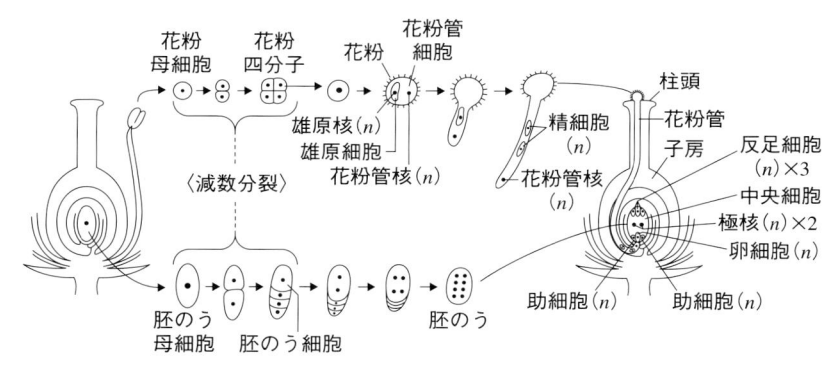

図 3.5 生殖細胞（花粉と胚のう）の形成と重複受精

b. 胚のう

子房の中に胚珠と呼ばれる部屋がある．その中に胚のう母細胞 ($2n$) があり，これが減数分裂を行って4個の細胞 (n) を生じる．ただし，そのうちの3個は退化してしまい，残った1個を胚のう細胞という．胚のう細胞 (n) は，さらに3回の分裂（体細胞分裂）を行い，最終的に8個に核分裂した「胚のう」になる．それらは，卵細胞1個，助細胞2個，反足細胞3個，2個の極核をもつ中央細胞1個となる．

3.3 受　　精

減数分裂によって生じた多様性に富む生殖細胞は，異なる個体の生殖細胞との間で行われる「受精」によって，さらに遺伝子の新たな組合せを生みだす．1898年，バイモ属で Nawaschin によって初めて発見された植物特有の受精の現象，「重複受精」について見ていこう．

a. 重複受精

植物の受精は，花粉が雌ずいの柱頭へ付着する（受粉する）ことから始まる．柱頭についた花粉は，発芽して花粉管を伸ばす．その花粉管の中で雄原細胞がもう1回体細胞分裂をして，2個の精細胞になる．よって花粉管は，花粉管細胞の核（花粉管核）と2個の精細胞をともないながら伸長し，雌ずいの子房の中へ進入していく．花粉管の先端が胚珠の中の胚のうに到達すると，1個の精細胞 (n) が卵細胞 (n) と受精し，もう1個の精細胞 (n) は中央細胞にある2個の極核 (n) と融合する．このような受精のしくみは重複受精と呼ばれ，被子植物だけで見られる．裸子植物でも花粉管内に精細胞（イチョウやソテツでは精子）をつくるが，受精前に雌性配偶体が分化して胚乳核 (n)

を形成し，1個の卵細胞と1個の精細胞（精子）が受精して受精卵（$2n$）になり，重複受精は見られない．

b. 胚と胚乳の形成

重複受精後，精細胞と卵細胞が受精した受精卵は，細胞分裂を経て胚（$2n$）を形成する．胚は，幼芽，子葉，胚軸，幼根からなる．一方，精細胞と2個の極核の融合によって胚乳（$3n$）が形成され，その栄養分は胚へ供給される．胚珠の中で，胚のうを包んでいた珠皮は種皮へと変化し，種子が形成される．胚乳が完熟種子まで維持されれば，種子が発芽するときの胚の成長に胚乳の養分が使われる．またマメ科植物やナズナなど，胚の発達中に胚乳が消費される場合があり，これを無胚乳種子と呼ぶ．

3.4 核相交代

a. 無性生殖と有性生殖

生物が新しい個体をつくることを生殖といい，無性生殖と有性生殖に大きく分けられる．

無性生殖では，「分裂」や「出芽」のように細胞自身あるいは細胞の一部が分離して新しい細胞や個体がつくられる．他にも菌類，藻類，コケ植物，シダ植物などのように，自分の体に「胞子」と呼ばれる生殖細胞をつくり，それが発芽して新しい個体へ成長する胞子生殖や，種子植物の根・茎・葉のような栄養器官の一部から新個体がつくられる栄養生殖がある．

有性生殖とは，生殖のための特殊な細胞（生殖細胞）をつくり，接合または受精というしくみによって新たな個体を生み出す生殖方法をいう．生殖細胞は配偶子と呼ばれ，別々の個体の配偶子同士が2個一組になって融合することを接合という．普段は分裂による無性生殖を行う大腸菌などの細菌でも，接合によるDNAの移入を行うことがある．配偶子には，その大きさにさまざまなタイプがある．アオミドロは同じ大きさ・形の同形配偶子をつくるが，有性生殖を行う生物の多くは大きさに違いが見られる異形配偶子をつくる．このとき，大きい方を大配偶子，小さい方を小配偶子という．さらに，大きさの差がはなはだしい場合は，大配偶子を卵，小配偶子を精子または精細胞という．運動性があるものを精子と呼び，イチョウなどがつくっている．精細胞は運動性がないもので，裸子植物の多くと被子植物で見られる．そして，卵と精子（精細胞）の融合を特に受精と呼ぶ．

b. 世代交代

動物のほとんどが有性生殖を行っているのに対して，植物の多くは胞子をつくり，無性生殖を行う胞子体の世代と配偶子をつくって有性生殖を行う配偶体（胞子が発芽して生じる）の世代を交互に繰り返している．これを世代交代という．種子植物では，四分子細胞や胚のう細胞がコケやシダの胞子に相当し，花粉と胚のうが配偶体に相当する．

c. 核相交代

細胞当たりの染色体のセットの数に着目し，生活環を通してその数が変化することを核相交代という．例えば有性生殖を行う植物では，減数分裂によって生じた配偶子の核相は単相（n）になり，配偶子同士の受精によって生じた胞子体は複相（$2n$）になるように核相が変わることをいう．通常，植物では無性生殖を胞子体の世代で行うので，それは複相の時期ということになる．そして，有性生殖を行う配偶体は単相である．

■コラム■　核内のDNA

　細胞の核内にはどのくらいの量のDNAがしまわれているのだろう．長さで考えると植物の種類によって長短さまざまで，短いもので数 cm（シロイヌナズナ＝およそ 10 cm），長いものでは数十 m にもなる（バイモ＝およそ 80 m）．ちなみにヒトならば，およそ 2 m である．いずれにしても，短いものでも長さでは，器である細胞の大きさをはるかに超えてしまっているのがわかるだろう．なぜそのような長いDNAが核の中に収まるのだろう？　それは，DNAが非常に細いからである．例えばタマネギの細胞の大きさが1辺およそ 100 μm とすると，核はおよそ 20 μm で，DNAの長さは 20 m，太さは 2.37 nm（1 nm（ナノメートル）= 1/1000 μm）であるから，DNAの糸を普通の木綿糸（およそ 0.2 mm）と同じ太さに拡大して考えてみると，1辺が 8.4 m の大きさの直方体（細胞）に直径 1.7 m の球体（核）が浮いていて，その中に太さ 0.2 mm，長さ 1680 km（ほぼ博多−札幌間の距離）の糸（DNA）が存在すると考えてもらうといいだろう．

4 染色体と遺伝子

〔キーワード〕 連鎖，連鎖群，交さと組換え，組換え価，染色体地図，シンテニー

　前の章で「遺伝」とは，細胞レベルでは，細胞分裂によって新しく生まれた細胞に染色体が分配されることで遺伝情報が受け継がれていく現象であることを学んだ．この章では，「遺伝」を染色体レベルでみていく．個体のもつ遺伝形質は染色体上の遺伝子に支配されている．よって遺伝形質の遺伝は，細胞分裂の際の染色体のふるまいに委ねられているといえるだろう．

　個体の遺伝形質はきわめて多いので，それに見合う遺伝子の数も非常に多いものになる．例えば我々ヒトでは，近年のヒトゲノム解析によって，遺伝子の数は2万～2万5千個であるとわかってきている[1]．それに対して染色体の数は，生殖細胞では23本と意外なほどに少ない．このことから，1本の染色体には数百～千数百の遺伝子が収められていると考えられる．そうすると，遺伝子は染色体の中でどのように存在しているのだろうか．また，遺伝子の並び方を調べてみると，染色体のダイナミックなふるまいが見えてくる．さらにその情報から，生命現象を解明するのに非常に重要な，染色体の遺伝子地図をつくることができる．遺伝子の地図がどのようにつくられ，どのように役立つのかについても学んでみよう．

4.1　染色体上の遺伝子

a.　遺伝子の連鎖

　1本の染色体の中に存在している遺伝子は，染色体が途中で切れてしまわない限り，子孫に伝えられるとき行動をともにする．その結果，いくつかの形質がセットになって遺伝することがあり，この遺伝現象を連鎖（linkage）という．このように1本の染色体に存在する（並んでいる）複数の遺伝子の状態を，連鎖しているという．モーガン

(T. M. Morgan) は，ショウジョウバエの遺伝の研究を通して，多数の遺伝子が染色体上に一定の順序で直線的に並んでいることを発見した（1926 年）．これを遺伝子説という．このことを DNA で考えると，第 3 章で述べたように，染色体は DNA の糸が折り畳まって高度に凝縮したものであったから，遺伝子は，DNA の糸自身に一直線に並んでいるといえる．そうすると連鎖という状態が想像しやすいだろう．

b. 連 鎖 群

DNA 上に並ぶ遺伝子を，連鎖（染色体）ごとにひとまとまりのグループ（群）とみなすとき，これを連鎖群と呼ぶ．したがって連鎖群の数は，その生物種のもつ染色体数（$2n$）の半数（n）であり，すなわち配偶子のもつ染色体数に等しい．例えば，エンドウでは 7，トウモロコシでは 10，イネでは 12，パンコムギでは 21 の連鎖群が存在する．連鎖群の数がわかると，個々の遺伝子がどの連鎖群（染色体）に属するかを決めるのに便利である．この作業は，個体の形質に着目することで進めることができ，染色体上の遺伝子の位置を決めるための大事な情報になる．この位置情報のことを染色体地図と呼ぶが，後の節（4.4 染色体地図）で詳しく述べる．

c. 独立の法則と連鎖の違い

遺伝子が別々の染色体にある（独立である）ときはメンデル遺伝の独立の法則が成り立つが，同一の染色体上にある（連鎖している）ときは一緒に行動するため独立の法則は成り立たない．二遺伝子雑種において，独立の場合では F_1 の配偶子は 4 種類できるが，完全に連鎖している場合では 2 種類できる．しかし，実際には相同染色体間での交さによって遺伝子の入れ換えがおこり，その結果，組み換わった配偶子が形成される．したがって，交さにより組換えがおこった場合は 4 種類の配偶子ができることになる（図 4.1）．交さについては次の節で詳しく述べる．

4.2 交さと組換え

a. 交　　さ

交さ（crossing-over）とは，細胞分裂の際に，相同染色体同士で染色体腕について部分的に交換がおこることをいい，父方の相同染色体腕が，相同な塩基配列をもつもう一方の母方の染色体腕と接触することで，両者が相互に交換される細胞学的な現象で，乗換えともいう．

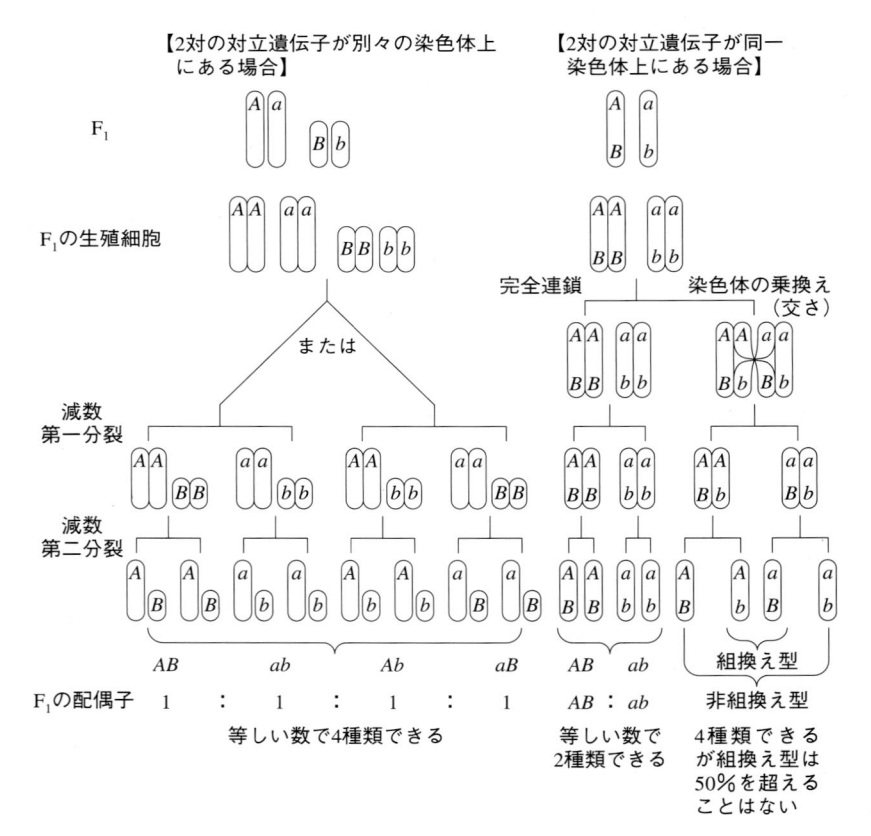

図 4.1 独立と連鎖の違い

　染色体上で交さが発生する頻度を交さ価（乗換え価，crossing-over value）といい，動原体領域では交さの頻度は低くなる傾向にある．動原体付近は，機能遺伝子はほとんど分布していないといわれているが，物理的な染色体の構造上，交さがおこりにくい．

　交さはふつう，対合した相同染色体間のまったく相同な部分でおこるが，交換される染色体部分が等しくないとき，この交さを不等交さという．不等交さによって，一方の染色体には部分的な重複が，他方の染色体には欠失が生じることになる．不等交さを繰り返すことにより遺伝子の重複がおこる．

b. 遺伝子の組換え

　交さの結果おこる遺伝子の交換を組換え（recombination）という．図 4.2 は，減数分裂の過程で遺伝子の組換えがおこる様子をあらわしたものである．父親由来の染色体には A, B, C, D の4遺伝子が，母親由来の染色体にはそれぞれの対立遺伝子 a, b, c, d が乗っているとする．例えば，遺伝子 A, B と a, b とが組換えを行うには AB と ab 間で交さがおこればよいが，遺伝子 A, D と a, d とが組換えを

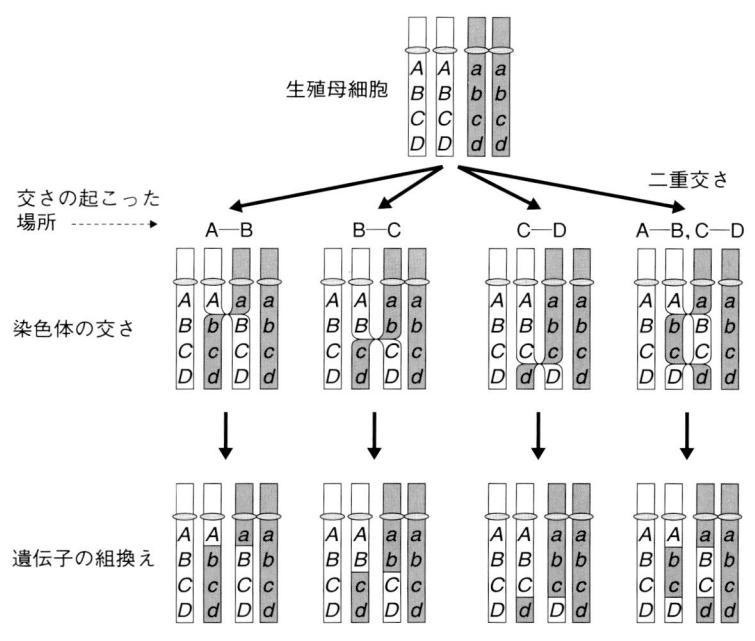

図 4.2 組換えのしくみ

行うには AD と ad 間の 1 カ所で交さがおこればよい．すなわち，AB，BC，CD 間のどこか 1 カ所だけで交さがおこればよいことになる．また，AB 間よりも AD 間の方が遺伝子間の距離が大きく，交さによる遺伝子の組換えがおこりやすい．このことから，組換えの頻度は遺伝子間の距離が長いほど大きくなると想像できる．交さの結果，減数分裂を経て得られた配偶子には，両親にはなかった組合せの対立遺伝子をもつ染色体が新たに配分される．

　AB 間および CD 間の 2 カ所で交さがおこった場合（二重交さ）は，A と D の間で交さがおこらないことと同じである．このように，二重交さの場合は A と D の遺伝子に注目したとき，結果的に組換えがおこらなかったことになる．

c. 減数分裂期における組換えのしくみ

　交さがおきて DNA が組み換わるしくみは，1990 年代になってから酵母の染色体を使った実験で明らかになってきた．減数分裂において，染色体の一部同士を交換するためには，相同染色体の DNA の 1 カ所に切断がおこらねばならない．このとき，DNA に切れ目を入れる酵素（特殊なエンドヌクレアーゼ）が働き，二本鎖 DNA の両方の鎖を同時に切断するらしい．さらに切断個所に別の酵素（エキソヌクレアーゼ）が働いて，そのあたりの DNA を切り崩してしまう．その大きな傷を修復するときに鋳型として使うのは，もう 1 本残っている自分

自身の相補的なDNAではなく,隣にいる無傷の二本鎖DNA(もう1本の相同染色体DNA)である.もう一方のDNAを利用して元に戻そうとするから,両方の相同染色体同士は接合することになる.交さの結果染色体腕がどのように乗り換わるか(元通りに修復されるのか,交さによって組み換わるのか)は,減数第一分裂の後期で相同染色体同士が解離する際に決まる.ただし,減数分裂では組み換わる場合が多い.このように,減数分裂にともなう染色体の組換えは,染色体のDNAが切断される力が働くことでダイナミックに進行する.

d. 体細胞分裂でおこる交さと組換え

体細胞分裂においておこる交さは,減数分裂のそれに比べると頻度は高くない.体細胞中で,染色体の二本鎖DNAの両方ともが傷つき修復する場合,減数分裂のときのように鋳型となった相同染色体のDNAとの接合が生じても,最後の染色体の解離の際には99％以上で組換えがおこらないことが知られている.結果的には,単に二本鎖DNAの修復がなされたことになる.

4.3 組換え価

a. 組換え価

相同染色体上の A と B, a と b の遺伝子がそれぞれ連鎖している場合,AB/AB の遺伝子型をもつ個体に ab/ab の遺伝子型をもつ個体を交雑して得た F_1 (AB/ab) において,染色体上の A と B, a と b の間で染色体の部分交換がおこると,Ab や aB といった新しい組合せの配偶子ができる.これらを組換え型という.これに対して,AB や ab のような親の組合せを非組換え型という.

F_1で生じる配偶子全体のうち,組換え型の配偶子の割合を組換え価(recombination value)と呼ぶ.すなわち,次式であらわすことができる.

$$\text{組換え価}(\%) = \frac{\text{組換えのおこった配偶子の数(組換え型)}}{F_1\text{の全配偶子の数(非組換え型＋組換え型)}} \times 100$$

b. 検定交雑

前項のように,組換え価を知るのにもっとも簡単な方法は,2つ以上の遺伝子に注目して,それらがヘテロになった F_1 (AB/ab) をつくり,これに劣性遺伝子個体 (ab/ab) をかけあわせるのがよく,このかけあわせを検定交雑(testcross)または戻し交雑(back cross)と

表 4.1　トウモロコシ種子の着色性と粒形に関する遺伝子の検定交雑の結果

両親の交雑	CSh/CSh	×	csh/csh	
戻し交雑 F₁	CSh/csh	×	csh/csh	
	CSh/csh	cSh/csh	Csh/csh	csh/csh
	4032	149	152	4035
比	27	1	1	27

いう．そして，検定交雑次代の植物体について，注目した遺伝子がどのように分離しているかを表現型を調べて求める．このときあらわれた表現型は，両親の配偶子（花粉および胚のう）の遺伝子型そのものを反映している．

トウモロコシの種子の着色性（C = 着色粒，c = 無色粒）と粒形（Sh = 充実粒，sh = しわ粒）の2つの遺伝子は第9染色体上にあることが知られている．ハッチンソン（1922）は表4.1の交雑実験により，これら遺伝子座の連鎖関係を調べた．戻し交雑の結果から，組換え価は $(149 + 152)/(4032 + 149 + 152 + 4035) \times 100 = 3.5$ になり，配偶子の比は $CSh : cSh : Csh : csh = 27 : 1 : 1 : 27$ となった．

4.4　染色体地図

1つの連鎖群を形成する染色体上に乗っている遺伝子の配列順序や遺伝子間の相対的距離を1本の直線上または染色体上にあらわした地図を染色体地図（chromosome map）という（**図 4.3**）．遺伝地図（genetic map）と物理地図（physical map）とに分けられる．

a.　遺伝地図

遺伝地図は，ふつう連鎖地図（linkage map）と呼ばれているもので，組換え価にもとづいて，遺伝子やDNAマーカーの配列順序や遺伝子間の相対的距離を直線上に推定したものである．

b.　遺伝地図の作製

連鎖した2つの遺伝子間の距離の単位は，図単位（map unit）であらわす．1％の組換え価に相当する単位を1図単位とし，これを1センチモルガン（cM）とする．これは相対的な距離をあらわし，物理的な距離として正確ではないが，遺伝子の配列の順序やおおよその位置の情報を提供する．遺伝子間の距離が小さいときは組換え価で図距離を求めることができるが（一般的には組換え価が10％以下の場合），遺伝子の間が離れるにつれて二重交さのおこる確率が高くなるので，

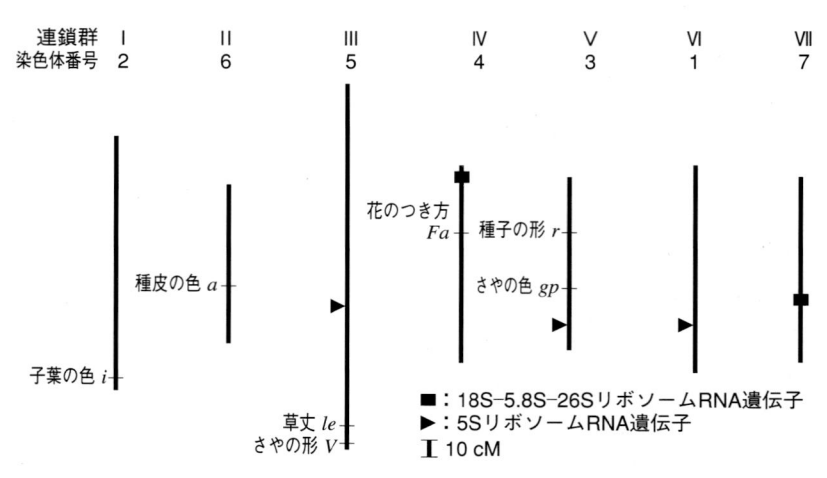

連鎖群　 I　　II　　III　　IV　　V　　VI　　VII
染色体番号　2　　6　　5　　4　　3　　1　　7

種皮の色 a

花のつき方 Fa　種子の形 r
さやの色 gp

子葉の色 i

草丈 le
さやの形 V

■：18S-5.8S-26SリボソームRNA遺伝子
▶：5SリボソームRNA遺伝子
I 10 cM

図4.3 メンデルの調べたエンドウの7形質の染色体地図（文献2より転載）

表4.2 遺伝子地図作成のための三点交雑実験

	F_1の卵の遺伝子型	次代の遺伝子型	次代の表現型	個体数
非組換え型	ABC abc	ABC/abc abc/abc	A B C a b c	f g
組換え型 A–B間 単交さ	Abc aBC	Abc/abc aBC/abc	A b c a B C	h i
B–C間 単交さ	ABc abC	ABc/abc abC/abc	A B c a b C	j k
A–B間，B–C間 二重交さ	AbC aBc	AbC/abc aBc/abc	A b C a B c	l m

$$\text{A–B間の距離} = \frac{h + i + l + m}{\text{全個体数}} \times 100 = x \text{ (cM)}$$

$$\text{B–C間の距離} = \frac{j + k + l + m}{\text{全個体数}} \times 100 = y \text{ (cM)}$$

$$\text{A–C間の距離} = \frac{h + i + j + k}{\text{全個体数}} \times 100 = z \text{ (cM)}$$

その場合は組換え価を補正して図距離を求めなければならない．組換え価（a）と地図距離（b）の関係は次のKosambiの式であらわせる．

$$b = \frac{1}{4} \log_e \frac{1 + 2a}{1 - 2a}$$

遺伝子地図作成には，互いに連鎖関係にある3対の遺伝子に注目して，遺伝子の配列順序と相互の距離を求めるための一連の交雑実験を行う（**表4.2**）．この遺伝分析を三点交雑と呼ぶ．A，B，Cの3対の遺伝子座について三遺伝子雑種の個体に三重劣性のホモ個体で検定交

雑したところ，表4.2に示した割合で子孫が得られた．A–B間あるいはB–C間で実際に交さのおこった割合は，それぞれの組換え価に対してA–C間でおこった二重交さを加味しなければならない．したがって，A–B，B–C，A–C間の距離はそれぞれx, y, zセンチモルガンとなる．もしA–C間の距離が最大（$z = x + y$）になれば，遺伝子の配列はA, B, Cの順になる．このようにして，近接している遺伝子を目印にして三点交雑を繰り返すことにより，遺伝地図をつくることができる．染色体の末端にある遺伝子を起点（0）にして，隣接する遺伝子との組換え価を順に加えていけばよいのである．

　検定交雑により遺伝地図をつくるには，交配が面倒であるので，自殖した個体の分離比から組換え価を求める方法もある．二遺伝子雑種を自殖させたF_2での分離した4表現型の観察度数をもとに既存のソフトウェアを用いて求めることができる．

c. 物理地図

　物理地図は，遺伝子またはDNAマーカーを直接染色体上に位置づけたもので，遺伝子間の距離は染色体（DNA）の長さ（物理的距離）であらわしている．遺伝地図が遺伝子間の距離を相対的にあらわしているのに対して，物理地図ではその距離を染色体の絶対的距離であらわしている．DNAレベルの物理的地図として，制限酵素地図やコンティグ地図などがある．イネやシロイヌナズナでは個々の染色体の全塩基配列が明らかになっているので，遺伝子が染色体の末端から何塩基のところに位置しているか知ることができる．また，イネでは遺伝地図と物理地図の詳細な比較が可能である（**図4.4**）．

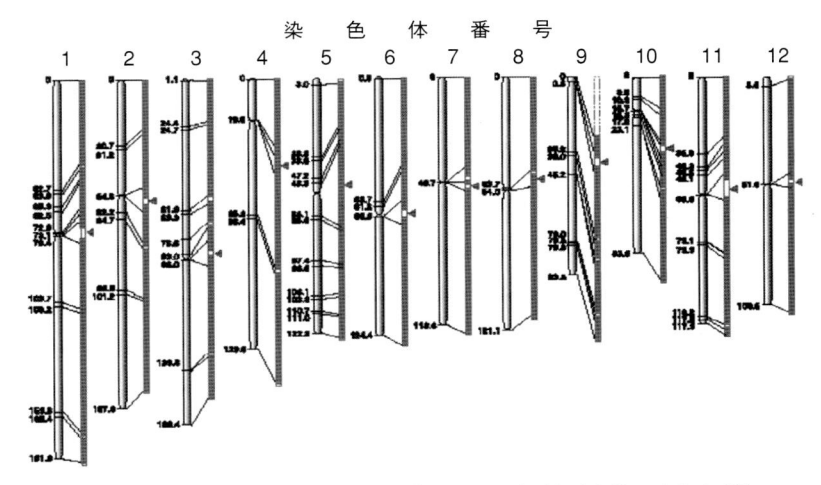

図4.4 イネにおける遺伝地図と物理地図の比較（文献3より転載）
各染色体左側が遺伝地図，右側が物理地図．矢印はセントロメアの位置．

制限酵素地図
制限酵素（特定の塩基配列を認識してDNAを切断する酵素）を何種類か用いてDNAを切断し，それらDNA断片の大きさなどから各制限酵素の切断点をDNA上に位置づけた地図．親子鑑定や病原菌の同定にも利用されることがある．

コンティグ地図
制限酵素によってバラバラに切断された染色体DNAの断片について，それらDNA断片の両端の塩基配列の重なりを手がかりにしてもとのDNAになるよう順番に断片を並べた地図．重なりが合っているかどうかは，制限酵素地図をつくって比較して確認する．

ESTマーカー
発現している遺伝子の部分配列（expressed sequence tag）の情報をもとにしたマーカーで，多くの生物種においてさまざまな組織に由来するマーカーが作成されている．

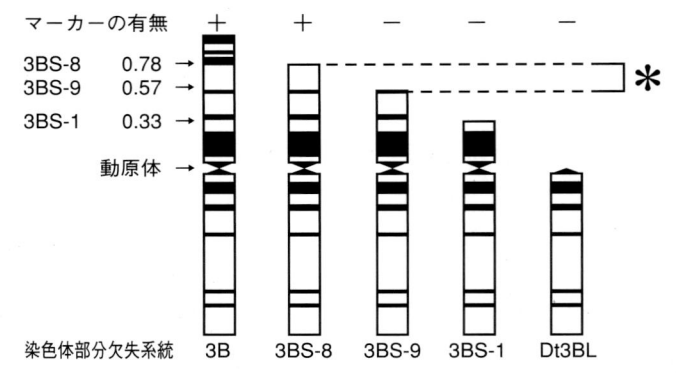

図4.5 コムギ染色体におけるビンマップ（文献4より転載）

遺伝子を直接染色体上に位置づけるには，染色体の部分欠失系統を用いて特定遺伝子の形質発現やDNAマーカーを染色体の欠失部分と対応づける方法や，遺伝子をスライドグラス上の染色体標本に直接分子交雑させて，その位置を蛍光顕微鏡で検出する方法がある（11.5 a．FISH法による染色体マッピング参照）．

d． ビンマップ（bin map）

六倍性コムギでは，21種類の染色体に対して染色体の一部を欠いた染色体部分欠失系統が多数つくられている．ある染色体に関して欠失の大きさの順に並べ，DNAマーカーが存在するかどうかを調べる．マーカーが存在する染色体欠失系統の中でもっとも大きい欠失をもつものと，その隣のマーカーが存在しない染色体欠失系統の中でもっとも小さい欠失をもつものとを比較し，その両者の間に相当する染色体の部分をビン（bin）と呼ぶ．マーカーがマップされるのはこの部分ということになる（**図4.5**）．このようにして，六倍性コムギではA，B，Dの3つのゲノムに対して16000ものESTマーカーがマップされた．

4.5 遺伝子のシンテニーと染色体

近縁の生物間で染色体のある領域において遺伝子の配列順序が保存されていることをシンテニーという．染色体レベルの比較的大きな領域で遺伝子の並びが保存されている場合をマクロシンテニーといい，DNAレベルの非常に狭い範囲で遺伝子の順序が保存されている場合をミクロシンテニーという．

4.5 遺伝子のシンテニーと染色体

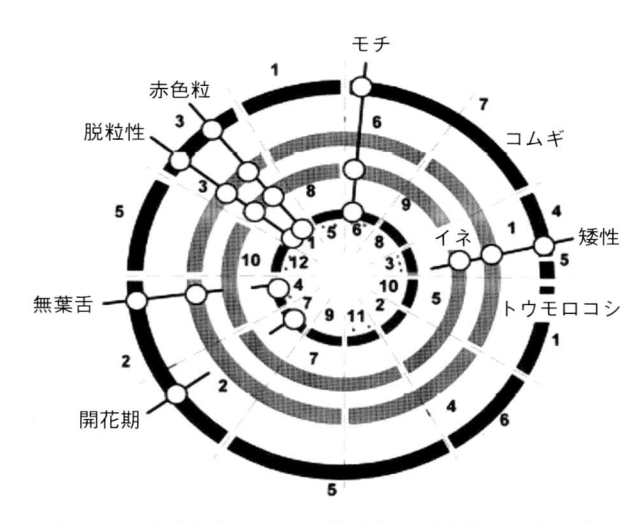

図 4.6 イネ科穀物ゲノムの構造比較（文献 5 より転載）

a. イネ科穀物のシンテニー

イネ，トウモロコシ，コムギ，オオムギ，カラスムギ，ソルガム，サトウキビ，アワなどのイネ科穀類では，分子マーカーを用いてそれぞれの染色体（または部分）の同祖的な関係が明らかになっている．このことは，これらの植物が共通祖先から進化してきたことを示している．**図 4.6** ではイネの染色体 12 本を同心円状に配置させ，それぞれの染色体がトウモロコシとコムギのどの染色体に対応するかを示したものである．イネの 12 本の染色体にある遺伝子が，コムギの 7 本の染色体に再配列されている．また，トウモロコシに対しては 10 本の染色体に重複して存在していることを示している．例えば赤色粒遺伝子は，イネの第 1 染色体とコムギの第 3 染色体に 1 コピー存在するが，トウモロコシでは第 3 と第 8 染色体に 2 コピー存在する．モチ（waxy）遺伝子は，イネの第 6 染色体，トウモロコシの第 9 染色体，コムギの第 7 染色体に 1 コピーずつあるのがわかる．同一起源をもつ遺伝子は，円の中心部から放射状に引いた直線上にある場合がある．現在では，イネの全遺伝子情報がわかっているので，これをもとに他の穀類での遺伝子の位置を予想できるようになった．

b. タルホコムギとイネのマクロシンテニー

澱粉合成に関する遺伝子の多くは，タルホコムギでは第 7 染色体（7D）にのっていることが FISH 法（第 9 章参照）による直接マッピングによって明らかになっている（**図 4.7**）．一方，イネにおけるこれら遺伝子は，第 6 および第 8 染色体上にあることが連鎖分析や塩基配列情報からわかっている．また，タルホコムギの 7D 染色体はイネの

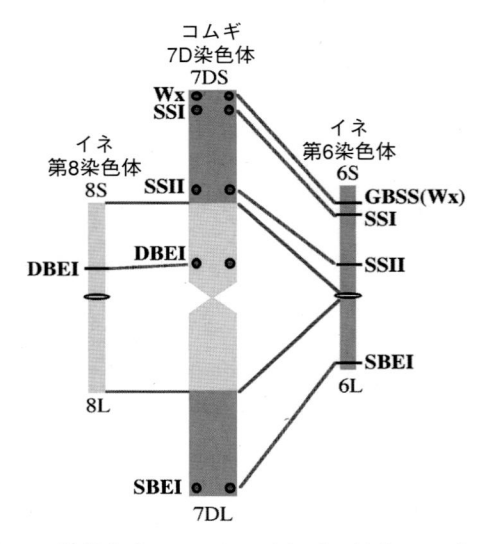

図 4.7 澱粉合成にかかわる遺伝子の比較マッピング
SSI：澱粉合成酵素 I 遺伝子　　DBEI：澱粉枝切り酵素遺伝子
SSII：澱粉合成酵素 II 遺伝子　　SBEI：澱粉枝づくり酵素遺伝子
GBSS (Wx)：ワキシー遺伝子

　第 6 染色体の真ん中に第 8 染色体が入り込んだ状態であることが染色体の比較マッピングで明らかである．7D 染色体に含まれる DNA のサイズは 700 Mbp であるのに対し，イネのそれは両方の染色体をあわせても 60 Mbp である．染色体の大きさは 10 倍以上も異なるのに，これらの澱粉合成に関する遺伝子の順序はよく保存されている．このように，巨視的にみても遺伝子のシンテニーが保存されていることは，染色体の進化を考える上で非常に興味深い．

c. 他の植物でのシンテニー

　最近では，いろいろな植物でゲノム情報の解読が進み，シロイヌナズナをモデル植物にして，アブラナ科植物内でのシンテニーはもとより，双子葉植物でのシンテニーの解析が行われている．また，ミヤコグサをモデル植物にしてウマゴヤシ，エンドウ，インゲンマメ，ダイズ，リョクトウなどのマメ科植物でもシンテニー解析が進んでいる．

文　　献

1) International Human Genome Sequencing Cosortium (2004)：*Nature*, **431**：931-945.
2) Ellis, T. H. N., Poyser, S. J. (2002)：*New Phytologist*, **153**：17-25.
3) International Rice Genome Sequence Project (2005)：*Nature*, **436**：793-800.
4) Lazo, G. R., *et al.* (2004)：*Genetics*, **168**：585-593.
5) Devos, K. M., Gale, M. D. (1997)：*Plant Molecular Biology*, **35**：3-15.

4.5 遺伝子のシンテニーと染色体

■コラム■　エンドウの7形質の連鎖群

　メンデルは，エンドウを実験材料として遺伝の研究を行った．エンドウの染色体数は $2n = 14$ であるので，連鎖群は7つあることになる．現在では数多くの遺伝子やDNAマーカーが染色体上に位置づけられている．メンデルが実験で用いた7組の対立形質のうち，2組の形質が同一染色体上に位置していたと，後の研究で推定されている．すなわち，7種類の遺伝子は5つの連鎖群に分けられる．子葉の色に関する遺伝子（遺伝子記号 = i）は第1連鎖群に，種皮の色の遺伝子（a）は第2連鎖群に，草丈とさやの形に関する遺伝子（le, V）は第3連鎖群に，花のつき方に関する遺伝子（Fa）は第4連鎖群に，さやの色と種子の形の遺伝子（gp, r）は第5連鎖群に所属している．

　メンデルの行った二遺伝子雑種や三遺伝子雑種の実験は，いずれの形質も互いに連鎖していなかったので，独立遺伝の様式を示したのである．もし，彼が第3連鎖群の草丈とさやの形に関する遺伝子に注目して二遺伝子雑種の実験をしていたならば，両遺伝子は12センチモルガンしか離れていないので，連鎖が見られたであろう．彼は，その結果の解釈に悩んだかもしれない．

5 量的形質の遺伝

〔キーワード〕ポリジーン,主働遺伝子,遺伝率,QTL

自然界においては,多くの形質が連続的な変異を示し,非連続な形質はむしろ少ない.このような連続的な変異を示す形質を量的形質という.量的形質は多くの遺伝子座の働きの総合的表現であるため,遺伝学では,単一あるいは少数の遺伝子の働きである質的形質と区別して扱われている.量的形質の遺伝現象の解析に統計的手法が駆使されるため,その解析は「統計遺伝学」(statistical genetics)あるいは「量的遺伝学」(quantitative genetics)と呼ばれる.量的遺伝学は,品種改良を行う育種において有望な個体や系統の選抜に役立つことを目的として発展してきた.また量的遺伝学の使命は,現れている量的形質の連続変異を遺伝子の働きと環境の影響とによって説明することにあるので,近年では生態遺伝学などの分野においても量的遺伝学の手法が活用されてきている.量的形質の遺伝の理解には統計学的知識を必要とするため,本章では,できるだけ簡単な記述にとどめ,その概略を説明することとする.さらに学びたい場合には鵜飼(2002, 2003)[1,2]を参照していただきたい.

生態遺伝学
生物が自然環境に適応する機構を,環境の要因と遺伝的な要因との関係に着目して研究する遺伝学の一分野のこと.自然集団を主な対象として,スケールの大きな野外の研究を重んじる.集団遺伝学,進化遺伝学と密接な関係があり,最近は分子遺伝学とも結びついた分子生態遺伝学が発展している.

5.1 質的形質と量的形質の違い

生物は個体の大きさや色など,さまざまな特性を示す.人の顔がひとりひとり違うように,同じ種内でも個体によってその特性はさまざまであることが多い.個体が示す特性が遺伝するときに,それを形質と呼ぶ.形質は質的形質(qualitative trait)と量的形質(quantitative trait.または計量形質 metric trait)に分けられる.質的形質とは,メンデルがエンドウの実験で扱った花の色や,粒の色,あるいはしわの有無のように,はっきりと互いに区別のつく不連続な形質である.一方,量的形質は,草丈など「長さ」,果実の大きさなど「重さ」,開花

の時期など「時間」であらわされる連続的な形質である．他に面積，角度，温度，比率なども同様な連続的形質である．植物個体あたりの種子数や花の数など「計数値」は非連続であり離散的な数値であるが，通常は量的形質として扱う．しかし，草丈の長短などは「長さ」であらわす量的形質であるが，正常型と矮性のようにはっきりと区別できるときは質的形質として扱える．したがって，量的遺伝学は，単に対象が計測値である形質の解析を目的とするというよりは，変異の連続性の遺伝学的解析を目的とする．

　質的形質は，一般に1個またはごく少数の遺伝子座に支配され，その表現型は遺伝子によって決まり，環境の影響によって変わることはほとんどない．したがって，表現から個々の個体の遺伝子の構成が推定できる．それに対し，量的形質は一般に複数の遺伝子座に支配され，質的形質とは異なり環境の影響をうけやすい特性をもつため，その表現は連続的になり，質的形質の場合のように互いの個体の差異が明確にはならない．したがって，表現だけから個体の遺伝子の構成を推定することはできない．

　遺伝学史をみると，量的形質は，個々の遺伝子の効果が環境の効果と判別できないぐらい小さな多数の同義遺伝子によるものとされ，それにもとづいて量的形質にかかわる遺伝子の個々の効果として把握することが試みられたが，現実には多くの量的形質に関してかかわるすべての遺伝子の働きを解析することは困難であった．そこで，英国の遺伝学者フィッシャーは，量的形質に関係する全部の遺伝子による遺伝的変異に対する関わり方を生物統計学的な手法，すなわち多数ある遺伝子の遺伝効果を合わせた総体をひとつの効果とし，それが集団の変異に対しどのような働き方をしているかという見方を提唱し，このような小さな効果の遺伝子のセットをポリジーン（polygene）と名づけた．イギリスの遺伝学者マザーは，量的形質にはポリジーンだけでなく大きな効果をもつ遺伝子も関与する場合があることを紹介したが，当時の科学水準ではその証明は難しく，その後，量的形質を考えるうえではポリジーンの考え方が標準となった．

5.2　主働遺伝子と微働遺伝子の働き

　形質を支配する遺伝子は，その働きの大きさから，遺伝効果が大きく単独でその効果が認められる遺伝子である主働遺伝子（major gene）と，個々の遺伝子の効果が主働遺伝子の効果や環境による変動に比べて小さい微働遺伝子（minor gene）とに大別できる．質的形質は主働

遺伝子に支配されており，その効果は個体ごとに等しく，その値は環境によって変化しない．一方，最近の植物における研究により，量的形質の遺伝については，単純なポリジーン説ではなく，マザーが提唱したように，量的形質を支配する多数の遺伝子座は必ずしも同程度の遺伝効果をもつとは限らず，むしろ1つまたは少数の主働遺伝子と比較的多くの微働遺伝子が関与している例が多いことが明らかにされてきている．

5.3 量的形質における環境の効果の意味

　生物は生育時に必ず環境の影響をうける．したがって，生物の特性の計測値は遺伝的な特性と環境による変動を合わせたものになっている．対象とする生物が存在する環境は，同じ条件下で生育している個体ごとに働く非遺伝的因子であるミクロ環境と，栽培している地域や年次など非常に大きな環境の違いであるマクロ環境とに区別できる．同じ作物を北海道と九州で育てた場合などがマクロ環境の違いに当たり，そこで栽培された個体すべてに同じ影響を与える．一方，ミクロ環境の違いは，同じ圃場の制御できない微気象の違いや肥料むらなど制御できない影響であり，その圃場内のすべての個体それぞれに異なる影響を与える．量的形質の遺伝解析では，量的形質の表現に影響するミクロ環境の影響をまとめて環境因子（environmental factor）といい，遺伝子の効果とともに量的変異をひきおこす要因とする．

5.4 量的形質における遺伝効果の意味

　個々の個体の量的形質の変異は遺伝子の働きと環境の効果によってもたらされているが，観察できる表現を表現型（phenotype），その観察値を表現型値（phenotypic value）という．遺伝子の働きはある個体がもつ対立遺伝子の集合である遺伝子型（genotype）により決まっている．量的形質では，遺伝子型は形質に対して定義され，表現型値のうち遺伝子型で決まる遺伝効果の部分を遺伝子型値（genotypic value），環境で決まる部分を環境効果（environmental effect）という．ただし，遺伝子型値は特定の分離遺伝子座だけの効果ではなく，関与する非分離遺伝子座の効果との総和である．

　量的形質の遺伝を解析する際には，形質を遺伝モデル（genetic model）として，数理的に表現する．遺伝子型値を g，環境効果を e であらわすと，表現型値 P は，遺伝子型値と環境効果の和として

$P = g + e$ とあらわすことができる（**図 5.1**）．ある個体の表現型は，遺伝的に支配されて期待される値と，たまたまその個体がうけた環境による効果によって決まり，それらが互いに独立であると考えられるため，和の形であらわすことができる．例えば草丈が 110 cm の個体は，遺伝的に期待できる 100 cm の草丈に，栄養条件などによりたまたま $+10$ cm の環境効果が加わったと考え，同じ遺伝的効果が期待できる個体の草丈が 95 cm であるとすれば，たまたま -5 cm の環境効果が加わったと考える．また，このもっとも単純なモデルでは，開花期の早い個体は開花期の遅い個体に比べて開花期の環境変動が大きいというような遺伝子型値と環境効果の間の交互作用（interaction）がないとする．

生物個体が生育中にうける環境要因の数は多く，それぞれの個体にどのような環境条件がどの程度加わっているかを測定することは現実的には無理である．ただし多くの要因の総合効果であるので，そのような効果をあらわすのに適した分布である正規分布にしたがうと仮定することができる．正規分布は，特定の母集団における平均値の前後にほぼ対称に滑らかな釣鐘型の曲線で広がる分布であり，実際の生物データがよく当てはまることが知られている（第 13 章参照）．環境変異を考えるとき，環境の影響がほとんどの個体では存在しないか，存在しても微小な正負の違いであると考えられるため，0 を中心に山ができ，極端な影響をうける個体がほとんどないため，環境効果の分布は平均 0，平均からのばらつきである分散が一定の正規分布にしたが

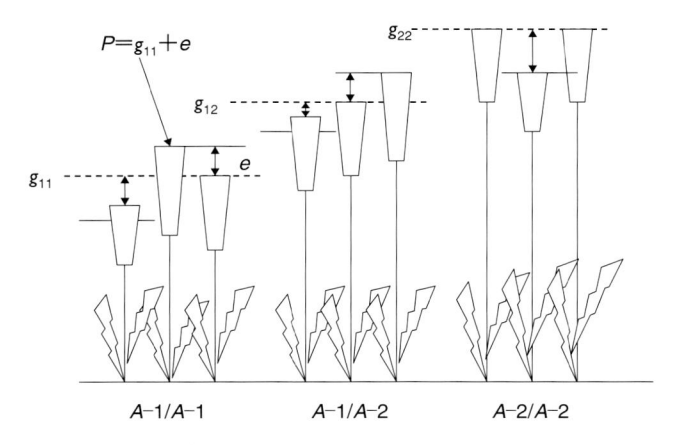

図 5.1 量的形質として草丈を対象とし，表現型を P，遺伝子型値を g，ミクロ環境の効果を e としてあらわす．この e は平均 0，分散が一定（σ^2 とする）の正規分布にしたがう．それぞれの遺伝子型で決まる草丈に環境効果が加わり，同じ遺伝子型をもつ個体でも草丈はさまざまに異なる．この環境効果は人為的に制御できない．

うと考えられる．これは，同じ遺伝子型をもつ個体について無限個の表現型値を測定したとき，その表現型値の平均が遺伝子型値と等しいと考えることと同じ意味である．

モデルからすると簡単にそれぞれの効果がわかるように思えるが，実際には，観察値である個々の表現型値しかわからず，環境効果を直接推定できない．また，多数の遺伝子座で分離している遺伝子型を個別に知ることはできないので，遺伝子型値も直接求めることができない．

ここで，ある遺伝子座について $A-1$ と $A-2$ の 2 種類の対立遺伝子があるとする．そのとき，遺伝効果を遺伝子座ごとの遺伝子型との関係でみると，3 種類に分けられる．すなわち，量的形質に関与するある遺伝子座について，P_1 の遺伝子型がホモ接合の $A-1/A-1$，P_2 の遺伝子型が $A-2/A-2$ とする．対立遺伝子 $A-2$ が 1 つだけ $A-1$ で置き換わったとき，量的形質は対立遺伝子 $A-1$ の効果 a だけ変化すると期待され，その効果 a を相加効果（additive effect）という．したがって P_1 と P_2 の遺伝子型値の差は，対立遺伝子 $A-1$ が 2 つ分として $2a$ となる．F_1 の遺伝子型 $A-1/A-2$ の遺伝子型値は両親の遺伝子型値の平均に等しくなる．しかし，ふつうは対立遺伝子型間の交互作用のため等しくならない．対立遺伝子型間の交互作用は，F_1 の遺伝子型から両親の遺伝子型値の平均をひいた値 d であらわすことができる．これを優性効果（dominance effect）という．この効果は，正，0，負の値のいずれもとりうる．効果の絶対値 $|d|$ が相加効果の絶対値 $|a|$ より小さければ不完全優性，$|a|$ と等しければ完全優性，$|a|$ より大きければ超優性という．さらに遺伝子座が異なる遺伝子間で交互作用がある場合に，この効果をエピスタシス（epistasis）という．エピスタシスがないとした上の遺伝モデルにしたがえば，P_1，P_2，F_1 の遺伝子型値は，座 A については，

$P_1 : u+a$
$P_2 : u-a$
$F_1 : u+d$

であらわされる（図 5.2）．u は定数であり，非分離遺伝子座の効果と考えればよい．分離世代である F_2 世代では，3 種の遺伝子型 $A-1/A-1$，$A-1/A-2$，$A-2/A-2$ がそれぞれ 1/4，1/2，1/4 の頻度で分離するため，集団に 100 個体あればホモ接合の両親型をもつ個体はそれぞれ 25 個体，ヘテロ接合は 50 個体と期待され，係数としてそれぞれ 1/4 と 1/2 がつく．遺伝子型値の平均は

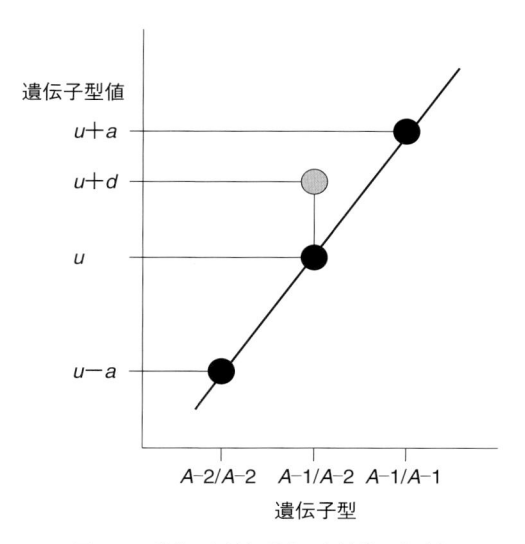

図 5.2 遺伝子型と遺伝子型値の関係

相加効果を a, 優性効果を d とする．それぞれの遺伝子型にもとづく遺伝子型値が決まる．例えば環境効果がなければ，$P_1 (A\text{-}1/A\text{-}1)$：$u + a = 120$, $P_2 (A\text{-}2/A\text{-}2)$：$u - a = 80$, $F_1 (A\text{-}1/A\text{-}2)$：$u + d = 90$ であるとすると，$u = 100$, $a = 20$, $d = 10$ となる．

$$F_2 : \frac{1}{4}(u+a) + \frac{1}{2}(u+d) + \frac{1}{4}(u-a) = u + \frac{1}{2}d$$

となる．目的形質に関与する分離遺伝子座が k 個あるとき，

$$(a) = a_1 + a_2 + \cdots + a_k \left(= \sum_{i=1}^{k} a_i \right)$$

$$(d) = d_1 + d_2 + \cdots + d_k \left(= \sum_{i=1}^{k} d_i \right)$$

とおけば，k 座すべてについての遺伝子型値の各世代の個体間平均は，

$$M_g[P_1] = u + (a)$$
$$M_g[P_2] = u - (a)$$
$$M_g[F_1] = u + (d)$$
$$M_g[F_2] = u + \frac{1}{2}(d)$$

となる．ほかの分離世代についても同様にあらわすことができるので，いろいろな世代において遺伝子型値の関数として世代平均を求め，連立方程式のように解いて，それぞれの効果を推定することができる．

遺伝子型の効果は世代平均からだけでなく，分離世代の個体間の遺伝子型値のばらつき，すなわち分散からも知ることができ，どちらかといえば後者の分散からの推定が一般的である．分散とは，ある標本集団において，標本の個々の値と平均との差を 2 乗し，総数で割った

ものである．個々の値と平均との差，すなわち偏差をすべて足せば0になるが，2乗値であれば常に正であり，その総和を集団全体のばらつき程度としてあらわすことができる．それを総数で割れば個々の個体がもつ平均的なばらつき程度になる．F_2 世代を考えるときに A-1/A-1 遺伝子型の平均値は $u+a$ であり，世代の平均値は $u+\frac{1}{2}d$ であるから，その差は $u+a-(u+\frac{1}{2}d)$ となる．同様に A-1/A-2 遺伝子型の平均値との差は $u+d-(u+\frac{1}{2}d)$，A-2/A-2 遺伝子型のそれは $u-a-(u+\frac{1}{2}d)$ となる．それぞれの遺伝子型の平均値との差の2乗を足せば分離世代のばらつき全体であり，さらに総数で割れば世代の個体間分散になる．したがって，F_2 についての遺伝子型値の分散は，1つの遺伝子座だけを考えるとき，

$$V_g[F_2] = \frac{1}{4}(u+a-M_g[F_2])^2 + \frac{1}{2}(u+d-M_g[F_2])^2$$
$$+ \frac{1}{4}(u-a-M_g[F_2])^2$$
$$= \frac{1}{4}\left(u+a-u-\frac{1}{2}d\right)^2 + \frac{1}{2}\left(u+d-u-\frac{1}{2}d\right)^2 + \frac{1}{4}\left(u-a-u-\frac{1}{2}d\right)^2$$
$$= \frac{1}{2}a^2 + \frac{1}{4}d^2$$

となる．これが，ある遺伝子座が分離することによって生じた表現型の分散である．さらに，形質に関与する k 個の遺伝子座について考える．それぞれの遺伝子座における相加効果と優性効果の2乗和を A と D であらわすと，

$$A = a_1^2 + a_2^2 + \cdots + a_k^2 \left(= \sum_{i=1}^{k} a_i^2\right)$$
$$D = d_1^2 + d_2^2 + \cdots + d_k^2 \left(= \sum_{i=1}^{k} d_i^2\right)$$

とあらわすことができる．A を相加分散（additive variance），D を優性分散（dominance variance）という．F_2 世代における k 個の遺伝子座における遺伝子型値の分散つまり遺伝子型分散（genotypic variance）$V_g[F_2]$ は，遺伝子座間にエピスタシスがないとして，

$$V_g[F_2] = \frac{1}{2}A + \frac{1}{4}D$$

とあらわすことができる．同様に考えれば，他の世代の分散も A と D で記述できる．

5.5 相加効果と優性効果を推定する

F_2 世代個体を無限個測定した場合の表現型値の平均 $M_p[F_2]$ は，遺伝子型値の平均に等しくなり，表現型値の分散 $V_p[F_2]$ は遺伝子型値の分散に E を足したものに等しくなると考えられる．すなわち

$$V_p[F_2] = V_g[F_2] + E = \frac{1}{2}A + \frac{1}{4}D + E$$

となる．P_1，P_2，F_1 などの非分離世代では，それぞれすべての個体が同一の遺伝子型をもつため遺伝子型分散は 0 であり，表現型分散は環境効果 E によるものだけになる．同様に F_3 については，

$$V_p[F_3] = \frac{3}{4}A + \frac{3}{16}D + E$$

F_4 世代については，

$$V_p[F_4] = \frac{7}{8}A + \frac{7}{64}D + E$$

となる．すなわち，非分離世代の個体間分散から E を推定すれば，各分離世代の表現型分散は世代ごとに異なる係数をもつ A と D だけの関数になるため，連立方程式によって A と D の値が推定できる．

ここで，F_2 分離集団において草丈を観察したとする．このときの表現型値の平均と分散が $M_p[F_2] = 120$ と $V_p[F_2] = 1.2$ であるとする．同様に F_3 についても $V_p[F_3] = 1.5$ であるとし，非分離世代の個体間分散 E は 0.05 であるとする．このとき，観察された表現型分散と理論から求めた遺伝子型分散を等しいとおくと，

$$E = 0.05$$

$$\frac{1}{2}A + \frac{1}{4}D + E = 1.2$$

$$\frac{3}{4}A + \frac{3}{16}D + E = 1.5$$

となる．この連立方程式を解くと，相加分散 $A = 1.57$，優性分散 $D = 1.46$ が得られる．このように 2 世代の表現型の個体間分散がわかれば，遺伝モデルから定義される相加分散や優性分散など遺伝母数 (genetic parameter) が推定できる．

冒頭に記したように，量的遺伝学は品種改良に役立てることを目的に発展してきた．例えば環境分散が大きければ，分離世代中の特異的な個体を選抜しても，それは遺伝的なものではなく選抜の効果は得られない．また優性分散が大きい場合も，その形質は遺伝的ではあるが，

選抜された個体の子供が前世代と同じような値を示すとは限らない．表現型値の分散中の A や D の割合を考えると，その形質の遺伝的な性格が理解できる．F_2 世代を例として，

$$h_B^2 = \frac{\frac{1}{2}A + \frac{1}{4}D}{\frac{1}{2}A + \frac{1}{4}D + E} \qquad h_N^2 = \frac{\frac{1}{2}A}{\frac{1}{2}A + \frac{1}{4}D + E}$$

を考える．h_B^2 は全分散の中で遺伝的な分散が占める割合となり，h_N^2 は全分散の中で相加分散，すなわち固定が可能な分散の割合になる．前者を広義の遺伝率（heritability in a broad sense），後者を狭義の遺伝率（heritability in a narrow sense）と呼ぶ．広義の遺伝率は次世代では分離してしまうヘテロ接合の効果である優性分散を含んでいるため，その量的形質の変異がどれくらい遺伝的かを示すことになり，狭義の遺伝率は，変異のうち相加効果として固定できる割合を示す．先の例で言えば，広義の遺伝率は $h_B^2 = 0.96$ であり，狭義の遺伝率は $h_N^2 = 0.78$ である．広義の遺伝率は高いが狭義の遺伝率が低いときには，優性効果が大きく，変異個体を選抜しても固定できる確率が低いことを意味している．遺伝率の式中の A と D の係数は世代が進むにつれて変化し，A の係数は1に，D の係数は0に近づくため，遺伝率は不変な値ではないことがわかる．遺伝率は種ごと，形質ごとに異なり，推定した世代でも異なるため，推定の際には必ず用いた世代の記載が必要である．鵜飼（2002）は，遺伝率を世代と独立な量的形質固有の値としてあらわすため，無限世代になれば遺伝率の変化はなくなり，$h_0^2 = A/(A+E)$ となることを利用し，これを固有遺伝率としてあらわすことを推奨している．また，遺伝率は定義として式中に環境分散を含むため，同一年，同一栽培など同じマクロ環境のもとで各世代を同時に栽培して推定することが望ましいことは言うまでもない．

5.6 QTL 解 析

量的形質に関与している遺伝子座を量的形質遺伝子座（quantitative trait locus；QTL）と呼ぶ．一般に1つの量的形質に複数のQTLが関与している．統計遺伝学的手法によって，関与する遺伝子座の効果の推定や選抜効果の予測ができるようになったが，個々のQTLの働きの大きさについての情報は得られなかった．また，そもそも関与する遺伝子座の数や位置もまったくわからなかった．しかし，分子生物学的技術の進展が，量的形質の解析法にも画期的な変化をもたらした．1980年代以降に，生物個体間のDNA塩基配列の違いによるDNA多型（DNA polymorphism）を検出できるようになった．この

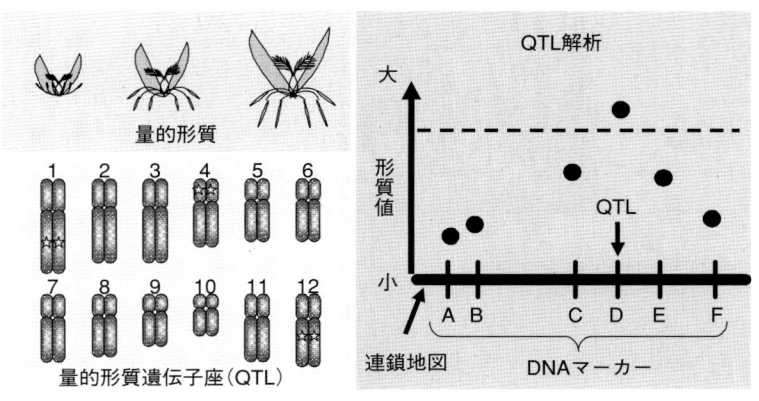

5.6 QTL 解 析

図 5.3 QTL解析の概念図（生物研　宇賀氏提供）

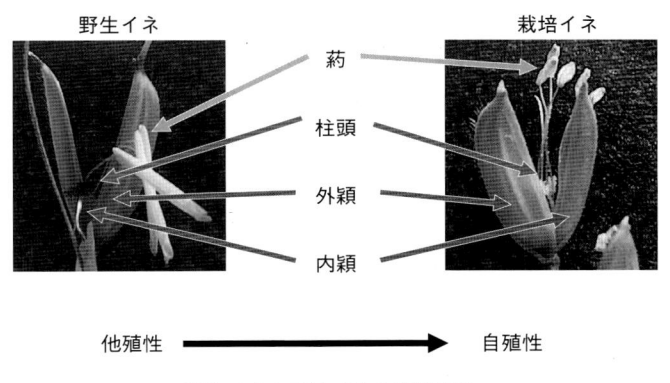

量的形質に関与す遺伝子座を量的形質遺伝子座（QTL）といい，QTLの数や連鎖地図上の位置を推定する方法をQTL解析という

野生イネと栽培イネの花器形態

図 5.4 イネ花器形態の進化（生物研　宇賀氏提供）
野生イネは栽培イネに比較して，葯が大きいなど雄ずい関連形質，雌ずいが長いなど雌ずい関連形質，穎の幅が狭いなど穎関連形質について大きく異なり，他殖しやすい形質をもっている．

多型をDNAマーカーとして質的形質の遺伝子のように用いて，詳しい連鎖地図が作成できるようになった．さらにその連鎖地図を利用してQTLの遺伝子型の効果が，連鎖したDNAマーカーの遺伝子型と相関していればQTLの数，染色体上の位置，各QTLの遺伝効果が推定できるようになった．この方法をQTL解析（QTL analysis）という（**図5.3**）．

染色体上に数多く，広く分布したDNAマーカーを分離世代で調べていけば，ある遺伝子型のDNAマーカーは近傍のQTLと行動を共にするので，統計的手法によってどのDNAマーカーがQTLの表現型をもっともよく説明するのかを明らかにすることができる．この手法によって，量的形質に重要な効果をもつQTLを含むゲノム領域が

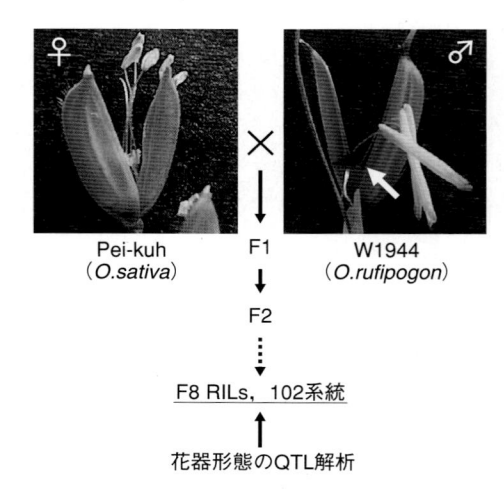

図 5.5 花器形態にかかわる QTL 解析（生物研　宇賀氏提供）
野生イネと栽培イネを交配し，8世代自殖をつづけると，多くの遺伝子座はそれぞれホモ接合型に固定する．多くの遺伝子座でさまざまに固定した102系統（recombinant inbred lines；RIL）を用いて QTL 解析を行う．

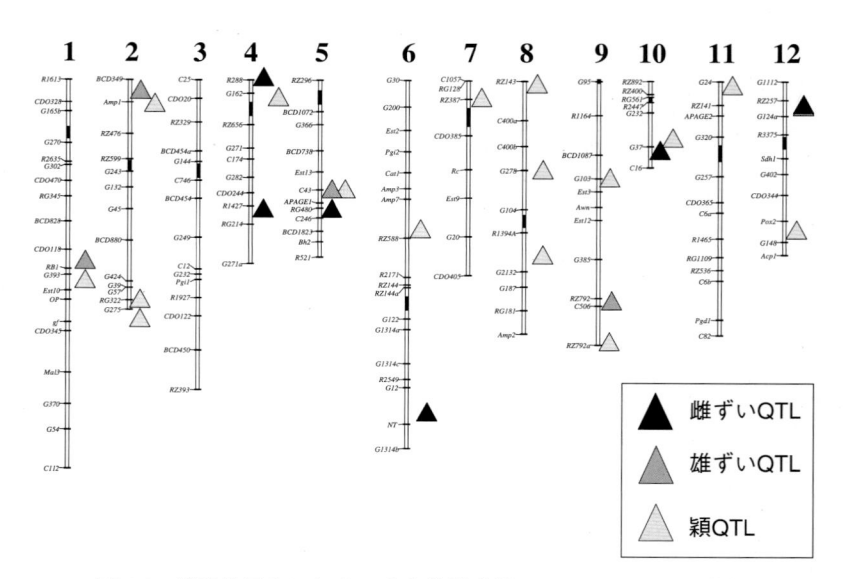

図 5.6 連鎖地図上におけるイネ花器形態にかかわる QTL の位置（生物研　宇賀氏提供）
図中の QTL は一部省略してある．

特定できる．

　近年さまざまな植物で QTL 解析がなされ，多くの量的形質が解析されているが，ここではイネの例をあげる．イネは他殖性の野生種から自殖性に進化してきたとされているが，なかでも花器形態の変異が顕著であった（図 5.4）．ここでは，野生種の *Oryza rufipogon* と栽培種の *O.sativa* の雑種後代の DNA マーカーの分離が調べられ，イネの

花器については雌ずいと雄ずい,穎(えい)に関連する量的形質が調べられた(図 5.5).いずれかの表現型の違いと関連するマーカーを検出するために統計学的な解析がなされた.マーカー遺伝子とこれらの QTL が遺伝的に連鎖していれば有意な関連がみられるはずである.解析の結果,雌ずい,雄ずい,外内穎で,それぞれ 7,4,20 個の QTL が検出され,多くの QTL が異なる染色体領域に散在していた(図 5.6).これらの QTL のうち,特定の QTL の遺伝効果が特に大きいということはなかった.栽培化における花器形態の変異(定向選択)には,独立した複数の遺伝子座が関与し,これらの QTL の遺伝効果の累積により,花器形態は徐々に変化したのではないかと考えられた.

このように,QTL 解析は関与する遺伝子座の数,それらの効果までも明らかにできるものである.しかし,精度の高い解析をするには,分子マーカーの利用が手軽に行えるとしても量的形質の評価がきちんとしていなければならず,量的遺伝学の知識が必要不可欠である.

文 献

1) 鵜飼保雄 (2002):量的形質の遺伝学,医学出版.
2) 鵜飼保雄 (2003):植物育種学,東京大学出版会.

■コラム■　遺伝学には 2 種類の「優性」がある?

「優性」という言葉は,高校の生物学にも登場するきわめてポピュラーな言葉である.ところが,遺伝性を知りたい対象が質的形質の場合と量的形質の場合で,この言葉の意味は異なるのである.質的形質の場合には,ある遺伝子座でホモ接合であり,それぞれの特性が異なる両親間での交雑において,雑種第 1 代のヘテロ接合体であらわれる特性のことを示す.これはメンデルによって定義されたもので,あらわれない方の形質を劣性という.一般的に知られている優性と劣性の区別は,遺伝子自体の特性ではなく,それぞれの遺伝子座における対立遺伝子の相対的表現であり,遺伝子座の対立遺伝子間の交互作用である量的形質の「優性」とは異なる概念である.

6 遺伝子の実体

〔キーワード〕DNA, RNA, タンパク質, 複製, 転写, 翻訳, コドン, エキソン, イントロン, プロモーター

　遺伝子という概念はメンデルにより発見されたが, その本体がデオキシリボ核酸（deoxyribonucleic acid；DNA）であることはあまりに有名である. 遺伝子の機能は, 遺伝情報を子孫に伝える伝達物質としての機能と生命活動を営むための遺伝情報の供給源としての機能に分けることができる. 前者は遺伝情報を正確にコピーする複製という過程により行われる. 後者は DNA のもつ情報が情報仲介物としてのリボ核酸（ribonucleic acid；RNA）に変換（転写, transcription）され, 最終的にタンパク質に変換（翻訳, translation）される過程による（図 6.1）. 細胞内で遺伝情報にもとづいて生命活動を中心的に担うのはタンパク質である.

6.1 DNA と複製

　DNA はデオキシリボースを糖としてもつヌクレオチドが長く連なったものである（図 6.2）. ヌクレオチドの結合は糖の 5′ 位と 3′ 位の炭素間のホスホジエステル結合によっており, 長鎖の核酸の方向を示すときは 5′ 側, 3′ 側という呼び方をする.
　デオキシリボースの塩基にはアデニン（A）, シトシン（C）, グアニン（G）, チミン（T）の 4 種類があり, DNA は A, C, G, T の 4 種類の塩基がさまざまな順番で連なる暗号となっている. アデニンとチミン（A-T）, シトシンとグアニン（C-G）はそれぞれ水素結合により結合する. これを塩基対形成（base-paring）と呼ぶ（図 6.3）. DNA は通常二重らせん構造をとっているが, これは, この結合力によって塩基対形成が行われている結果である. 二本鎖 DNA の片鎖に対して, もう一方の鎖は, 塩基対形成のルール（つまり, A に対して T, C に対して G, G に対して C, T に対して A）にしたがって規則

6.1 DNAと複製

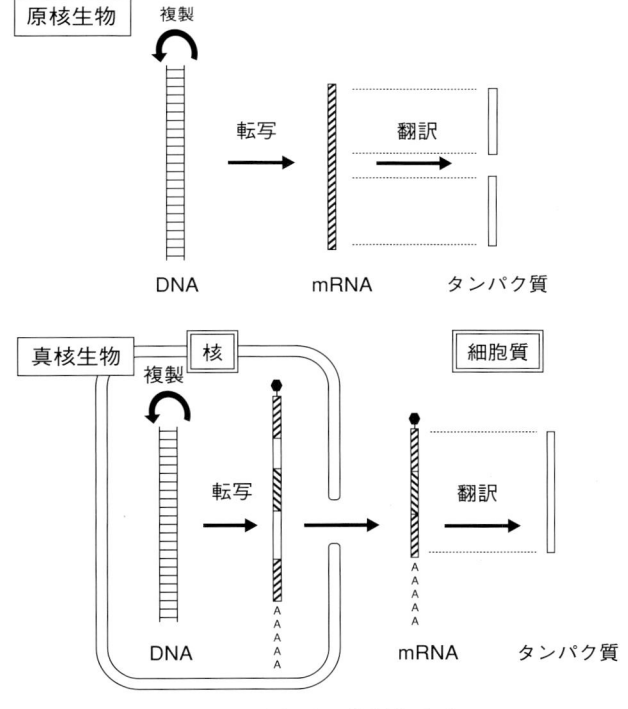

図 6.1 遺伝子の複製と発現

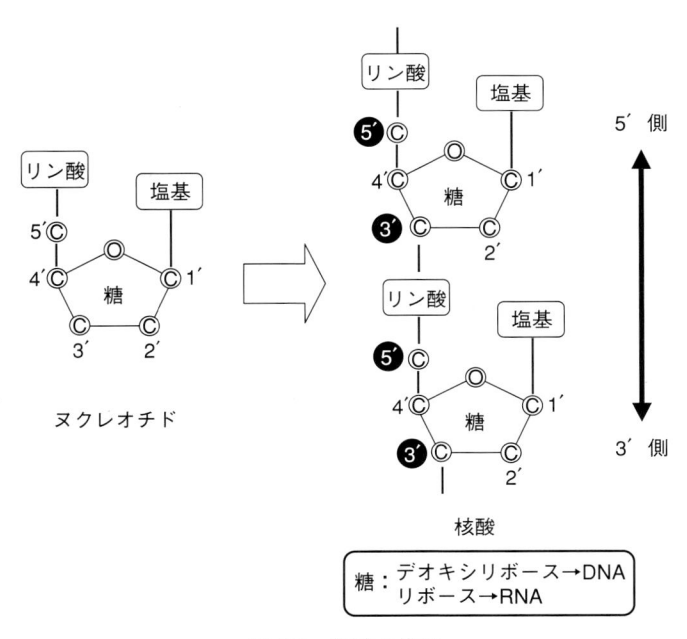

図 6.2 核酸の構造

糖：デオキシリボース→DNA
リボース→RNA

的な並びをもつ．このとき，片方の鎖に対してもう一方の鎖を相補的 (complementary) であるという．細胞分裂後の娘細胞に完全な遺伝情報を伝えるには遺伝情報を複製 (replication) して分配することが

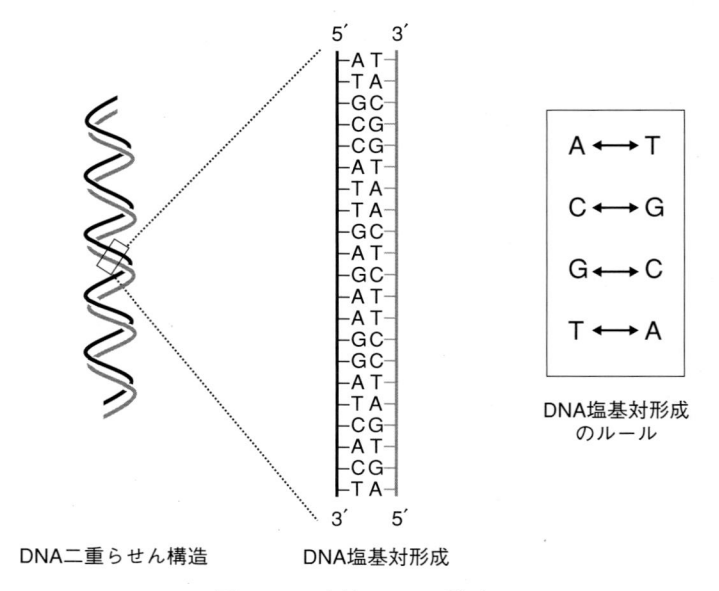

図 6.3　二本鎖 DNA の構造

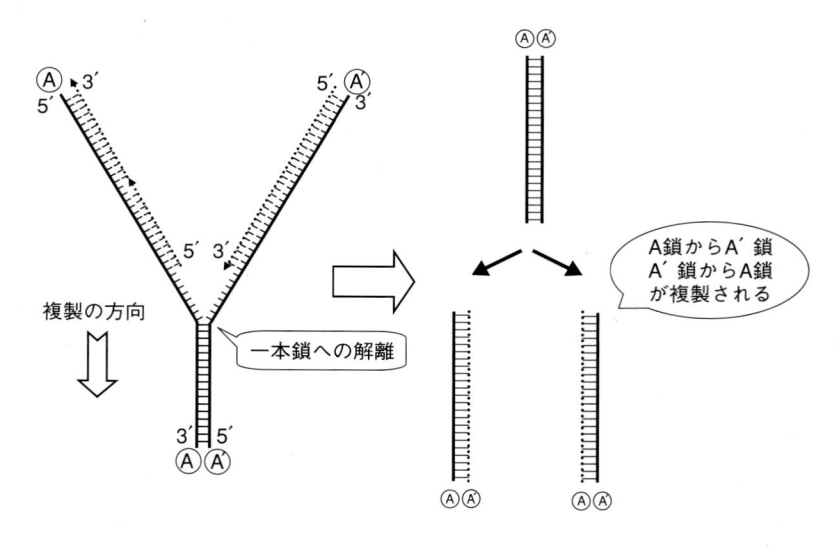

図 6.4　DNA の複製

二重らせん構造

1953 年にワトソン（J. D. Watson）とクリック（F. H. C. Crick）により提唱された DNA の分子構造．本文中にもあるように，DNA は塩基対を形成することにより二本鎖になっているが，その二本鎖はらせん状になっている（図 6.3 参照）．

必要である．塩基対形成による二本鎖構造はこのコピー作成に非常に適している．細胞は DNA 複製に際して，二本鎖 DNA を解いて一本鎖にした後，塩基対形成のルールにしたがって新たに DNA 鎖を合成する（**図 6.4**）．その結果，それぞれの鎖に対して相補鎖が形成され，もとの二本鎖 DNA とまったく同じものが 2 つできあがる．

6.2　RNA と遺伝子発現

　細胞内には DNA に似た物質である RNA がある．RNA は4種類の塩基をもつリボース（DNA はデオキシリボース）が連なり長鎖を形成したものである．ただし，4種類の塩基のうち，A，C，G に関しては DNA と共通であるが，T の代わりに U（ウラシル）が用いられている．これらは DNA と同様に塩基対形成をする．RNA も二本鎖形成を行えるが，通常は一本鎖として存在する．また RNA は DNA とも塩基対形成を行う（このとき，U は A と塩基対を形成する）．細胞は DNA の塩基配列に塩基対形成する（つまり相補的な）RNA を合成して行くことによって，DNA の遺伝情報を RNA に写し取る．これを転写（transcription）と呼ぶ（図 6.5）．

　RNA は多様な機能をもつが，このうち情報がタンパク質に変換されるタイプの RNA をメッセンジャー RNA（messenger RNA；mRNA）と呼ぶ．mRNA は3つの塩基を1つの単位として解読される．これをコドン（codon）と呼ぶ（図 6.6）．塩基は4種類あるのでコドンには $4 \times 4 \times 4 = 64$ 種類が存在することになる．タンパク質は20種類のアミノ酸（amino acid）がさまざまに配列したものであるが，それぞれのコドンに対応するアミノ酸が決まっており，その規則にしたがって RNA の塩基情報はアミノ酸に置き換えられて行く．アミノ酸の種類に対してコドンの数が多いので，多くの場合ひとつのアミノ酸もいくつかのコドンにより指定される．また，コドンの3文字目が変化しても対応するアミノ酸に変化がおきないことが多い．

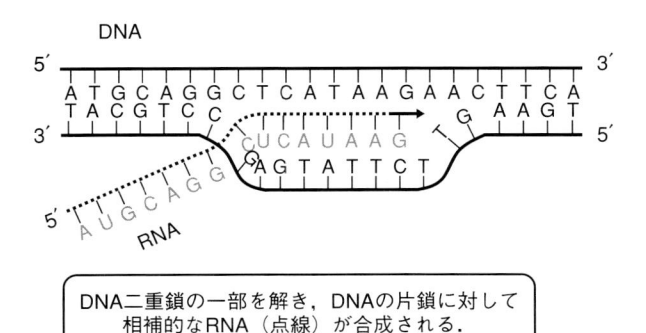

　以上のように，遺伝情報は DNA の塩基対形成の能力を利用した複製によって細胞分裂後の娘細胞に伝わる．また一部後述するように，遺伝情報の DNA → RNA → タンパク質の流れの中で，DNA-RNA あ

図 6.5　RNA の転写

アミノ酸名	略称	コドン	1文字目
フェニルアラニン	Phe (F)	UUU UUC	
ロイシン*	Leu (L)	UUA UUG	
セリン*	Ser (S)	UCU UCC UCA UCG	
チロシン	Tyr (Y)	UAU UAC	U
終止	STOP	UAA UAG	
システイン	Cys (C)	UGU UGC	
終止	STOP	UGA	
トリプトファン	Trp (W)	UGG	
ロイシン*	Leu (L)	CUU CUC CUA CUG	
プロリン	Pro (P)	CCU CCC CCA CCG	
ヒスチジン	His (H)	CAU CAC	C
グルタミン	Gln (Q)	CAA CAG	
アルギニン*	Arg (R)	CGU CGC CGA CGG	
イソロイシン	Ile (I)	AUU AUC AUA	
メチオニン	Met (M)	AUG	
スレオニン	Thr (T)	ACU ACC ACA ACG	
アスパラギン	Asn (N)	AAU AAC	A
リシン	Lys (K)	AAA AAG	
セリン*	Ser (S)	AGU AGC	
アルギニン*	Arg (R)	AGA AGG	
バリン	Val (V)	GUU GUC GUA GUG	
アラニン	Ala (A)	GCU GCC GCA GCG	
アスパラギン酸	Asp (D)	GAU GAC	G
グルタミン酸	Glu (E)	GAA GAG	
グリシン	Gly (G)	GGU GGC GGA GGG	

括弧内は1文字略称.
* ひとつのアミノ酸に6個のコドンが対応するもの.

図 6.6 コドン表

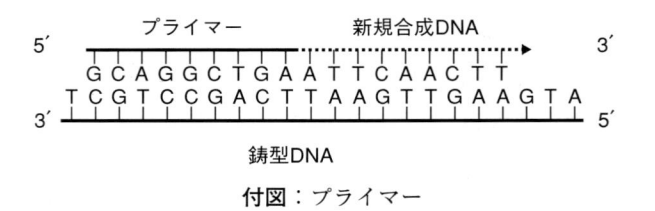

```
          プライマー        新規合成DNA
5′ ┌─────────────┬──────────────────► 3′
   │ G C A G G C T G A  A T T C A A C T T │
   │ T C G T C C G A C T T A A G T T G A A G T A │
3′ └──────────────────────────────────────┘ 5′
                 鋳型DNA
```

付図：プライマー

DNA ポリメラーゼ
DNA ポリメラーゼはプライマー (primer) と呼ばれる DNA (あるいは RNA) にヌクレオチドを付加して行くことで相補的な DNA を合成していく. DNA 合成にはプライマーの存在が必須である (付図を参照).

岡崎フラグメント
1968 年に岡崎令治らにより発見された. 岡崎フラグメントが形成される鎖側の DNA 複製においては, 新たに露出された一本鎖領域にはプライマーに相当する核酸が存在しないため, DNA プライマーゼという酵素が RNA の短いプライマーを合成し, それを利用して DNA 複製が行われる.

るいは RNA–RNA 間の塩基対形成が重要な役割を果たしている.
次にそれぞれの過程をより詳細に見て行くことにする.

6.3　DNA の複製

　DNA 複製は, 複製起点 (replication origin) と呼ばれる特定の部位から DNA ポリメラーゼ (DNA polymerase) と呼ばれるタンパク質により行われる. 複製にはまず二本鎖 DNA の解離が必要である. DNA ポリメラーゼは 5′ 側から 3′ 側に DNA 鎖を伸長するために, 一方の鎖においては解離が行われ, 一本鎖が露出されるたびに短い DNA 鎖 (岡崎フラグメント) が合成される. DNA は非常に長いが, 真核生物では細胞内小器官である核 (nucleus) の中にからまらずに

納められており（原核生物には細胞小器官はない），DNAの複製も核内で行われる．DNAは，DNA結合タンパク質であるヒストンなどと結合することによりヌクレオソーム構造／高次クロマチン構造をとっている（第3章参照）．この構造は，DNAの高度な折りたたみに重要な役割を果たすのみならず，遺伝子の発現調節にも重要な役割を果たしている．

6.4 RNAの転写

　転写はRNAポリメラーゼ（RNA polymerase）と呼ばれるタンパク質によって行われる．RNAポリメラーゼは，二本鎖DNAの一方の鎖に相補的な塩基をもつRNA鎖を，DNAポリメラーゼと同様に5′側から3′側へ伸長させていく．この過程が転写である．

　DNAのうち転写されるのは遺伝子領域だけである．遺伝子の転写は遺伝子領域のまわりの転写されない領域により調節をうけている．このような領域のうち，転写を開始させるのに必要な領域をプロモーター（promoter），転写終結に必要な領域をターミネーター（terminator）と呼ぶ（後出の図6.7）．つまり遺伝子は，プロモーター（転写開始シグナル）とターミネーター（転写終結シグナル）に囲まれた領域ということになる．RNAにはmRNAの他にもタンパク質をコードしないリボソームRNA（ribosomal RNA；rRNA）や転移RNA（transfer RNA；tRNA）などのさまざまなRNA分子種が存在する（後述）が，これらにも対応する遺伝子が存在し，DNAから転写される．RNAの代表はmRNAととらえられがちであるが，細胞内でもっとも発現量が多いRNAはリボソームの構成成分であるrRNAである．rRNAは盛んに転写されており，リボソームが合成される部位は核小体という核内構造として認識できる．

　RNAポリメラーゼが転写をつかさどるタンパク質であるのと同様に，転写の調節もタンパク質によって行われる．原核生物のプロモーターにはオペレーター（operator）と呼ばれる部位が存在し，この部位の塩基配列に特異的に結合するタンパク質がRNAポリメラーゼによる転写を促進あるいは阻害することによって転写の調節を行っている．一方，真核生物ではRNAポリメラーゼが転写を開始するには複数の普遍的転写因子（general transcription factor）と呼ばれるタンパク質が必要である．真核生物の転写開始点の約25 bp上流に存在するTATAボックスと呼ばれる領域は，普遍的転写因子のひとつであるTFIIDの結合位置であり，RNAポリメラーゼは他の普遍的転写因子

エンハンサー
解析対象となっている遺伝子と同じ DNA 上に存在する遺伝子発現制御因子をシス因子（*cis*-acting factor）と呼び，同じ DNA 上から遺伝子発現を制御することを「シスに働く」という．エンハンサーはシス因子のひとつである．

転写因子
解析対象となっている遺伝子とは別の DNA 上に存在している遺伝子発現制御因子をトランス因子（*trans*-acting factor）と呼び，別の DNA 上から遺伝子発現を制御することを「トランスに働く」という．転写因子（例えば，エンハンサーに結合して転写を活性化する DNA 結合タンパク質）をコードする遺伝子はトランス因子である．

とともにここで複合体を形成し，転写を開始する．原核生物と異なり，真核生物では遺伝子発現の調節は転写開始位置からかなり離れた場所からも行われる．エンハンサー（enhancer）と呼ばれる転写活性化領域には，やはりその部位の塩基配列に特異的に結合する転写因子が結合し，転写を活性化する．興味深いことに，エンハンサーは遺伝子の上流，下流あるいは遺伝子内でも，遺伝子の転写方向に関係なく機能することができる．なお，真核生物の転写開始に最小限必要な領域をコアプロモーター，エンハンサーを含んだ領域をプロモーターと呼ぶこともある．

DNA は二本鎖であるが，その塩基配列を示すには mRNA の配列と同じ側の鎖の配列が使われることが多い．図 6.7 もそれにしたがっている．実際に転写に使われるのはその相補鎖である．

6.5　mRNA のプロセッシング

真核生物の mRNA は複雑な修飾（プロセッシング，processing）をうける．転写が始まると RNA 分子の 5′ 末端はメチル化グアニンが付加され，5′ キャップ（5′ cap）と呼ばれる構造をとる（図 6.7）．転写された RNA は mRNA の特定の個所で切断され，100 から 200 ものアデニル酸が付加される．これはポリ A 尾部（poly-A tail）と呼ばれる．

真核生物の遺伝子はしばしばイントロン（intron）と呼ばれる成熟した mRNA には存在しない領域を含む．イントロンも RNA として転写されるが，転写された後に除去される．これを RNA スプライシング（RNA splicing）という．mRNA はスプライシング位置を決定する

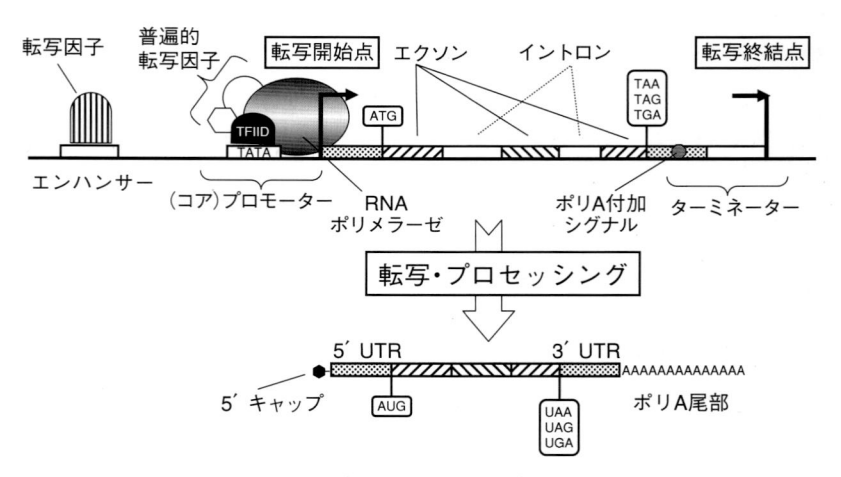

図 6.7 真核生物における遺伝子構造

特定の塩基配列をもっており，この部位がスプライセオソーム（spliceosome）と呼ばれる複合体により認識され，切除される．一方，成熟したmRNAに含まれる領域はエキソン（exon）という．イントロンはしばしばタンパク質をコードする領域を分断するように存在し，切除されないと正常なタンパク質が合成されない．これらのプロセッシングをうけ，タンパク質合成に使用できる成熟したmRNAができあがる．成熟mRNAのタンパク質をコードしない領域のうち，5′側を5′非翻訳領域（5′ untranslated region；5′ UTR），3′側を3′非翻訳領域（3′ untranslated region；3′ UTR）と呼ぶ．

真核生物ではDNAからの転写，5′キャップおよびポリA尾部の付加は核内で行われる．一方，スプライシングは核外に輸送された後，細胞質で行われる．

6.6 翻　　訳

mRNAは，先述のようにコドン暗号にしたがってアミノ酸／タンパク質へと翻訳される．このコドンとアミノ酸の変換の橋渡しをするのが，RNAの一種であるtRNAである．tRNAは約80塩基ほどの大きさで，アンチコドン（anticodon）と呼ばれる3塩基の領域をもち，末端にアミノ酸を結合する．アンチコドンはmRNAのコドンと相補的であり，塩基対形成を行う．アンチコドンとアミノ酸の組合せは一定であるため，mRNAのコドンの情報にしたがってアミノ酸が配列されることになる．tRNAはあくまでもアダプター分子であり，リボソームと呼ばれる複合体がこれらのtRNAに付加したアミノ酸をRNAの配列にしたがって結合し，タンパク質を合成して行く（図6.8）．翻訳の開始には必ずメチオニンをコードするAUG（開始コドン，start codon）が用いられる．そのため，タンパク質のアミノ酸配列はメチオニンから始まる．アミノ酸をコードしないコドンは3つ存在するが，このコドンがあらわれると翻訳は終結する．これらは終止コドン（stop codon）と呼ばれる（前出図6.6）．同じRNAの配列でもどのようにコドンを読むか（読み枠，reading frame）には3通りが存在し，それぞれ異なるタンパク質を合成できるはずである．真核生物の場合，通常タンパク質はmRNA上の最初の開始コドンがタンパク質の翻訳開始に用いられ，それにより以降の読み枠が決定される．真核生物では1つのmRNAから1つのタンパク質が合成される．一方，原核生物の場合はリボソームが結合する特定の配列があり，その下流の開始コドンからタンパク質の翻訳が開始される．このため，リボソ

スプライセオソーム
核内低分子RNA（small nuclear RNA；snRNA）と呼ばれるRNAとタンパク質が結合してできるスプライシングを行う複合体．少なくともsnRNAの一部はスプライシングの触媒活性がある．通常，酵素活性をもつのはタンパク質であるが，RNA単独でRNAをスプライシングする活性をもつ例はいくつか知られており，このようなRNAはリボザイム（ribozyme）と呼ばれる．

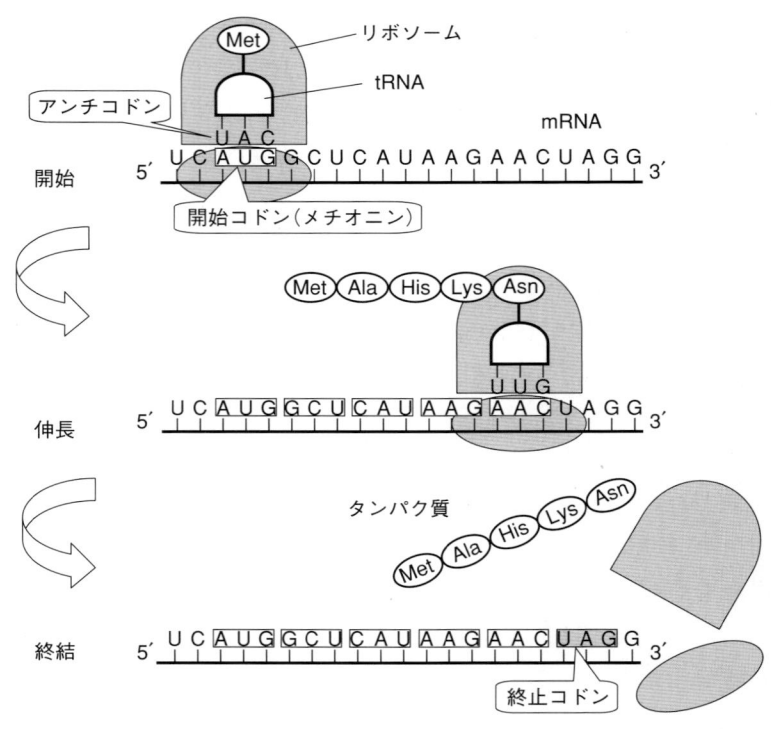

図6.8 mRNAのタンパク質への翻訳

DNAの分子数

大腸菌にはゲノムDNAは環状二本鎖の1分子あるだけである．一方，プラスミドDNAは多数コピー存在することが多い．一般に複数コピーDNAが存在するとき，ひとつのコピーに突然変異がおきても，他の正常DNAがその働きを補完するため，生物には変化はおきない．高等生物ではゲノムDNAも多数分子存在することが多い．これはゲノムDNAが染色体という複数の分子に分かれていることと，1つの細胞の中に複数（2つであることが多い）のゲノムセットをもっていることによる（第3章参照）．しかしながら，それぞれの染色体は異なるDNA情報をもっているため，DNA情報としては細胞中に1つ（2つのゲノムセットをもつ場合（二倍体）の場合は2つ）ということになる．

ーム結合部位が複数あれば1つのmRNAから複数のタンパク質が合成されることになる．

リボソームがタンパク質の翻訳を始めると，翻訳が終結する前に次のリボソームがmRNAに結合し，翻訳を開始する．このように，mRNAに多数のリボソームが結合している状態をポリソーム（polysome）という．

6.7 転写後制御

遺伝子発現の制御は，転写レベルだけではなく，mRNAの転写後にも行われる．さまざまな環境の変化に迅速に応答するには遺伝子発現を抑制しなければならない場面が出てくる．原核生物では，転写を途中で終結させることで遺伝子発現を制御する例が知られている．一般にmRNAの寿命は短いが，そのことがこのような制御を可能にしている．また，翻訳効率の制御やmRNAを積極的に分解していくような転写後の遺伝子発現制御も知られている．近年，mRNA分解あるいは翻訳阻害に関与する非常に小さなRNA（マイクロRNA；miRNA）が発見され，生物におけるさまざまな遺伝子発現の制御に

関与していることが注目を集めている[1]．

　これまで述べたように，真核生物と原核生物では遺伝子発現の制御にさまざまな違いがある．これは，原核生物に比べ真核生物の方がより複雑で高度な遺伝子発現制御を行っていることを反映している．一方，真核生物にはミトコンドリアと葉緑体（植物のみ）という独自のDNAをもった細胞小器官が存在する．これら細胞小器官は，原核型生物が共生することによって生まれたと考えられており，そこでは原核生物型の制御が行われている（第12章参照）．

文　　献

1) 多比良和誠：小さなRNAの遺伝子とその標的を探せ．月刊日経サイエンス，2003年11月号．

■コラム■　DNA変異と進化

　通常，1つの細胞は遺伝暗号であるDNAをごく少数分子しかもっていない．したがって，DNAに1カ所でも変化がおこることは，生物にとって非常に大きな影響を及ぼす可能性がある．DNA複製はさまざまな校正機能により大変正確に行われる．それでも非常に低い確率ではあるが複製ミスは起きる．またDNAは細胞内の活性酸素などの影響でしばしば損傷をうける．DNAの損傷は大変危機的であるため，生物はこれを修復するシステムを発達させている．それにもかかわらずDNAには変化が生じてしまう場合がある．このような変化を突然変異（mutation）と呼ぶ．突然変異はしばしば生物に変化をもたらす．身近な例をとれば，餅に使われる餅米は普段食べているウルチ米の突然変異で生じたものである．このような変化はしばしば生物にとって有害であるが，有益なものも稀に存在し，進化の原動力ともなっている．また，積極的に放射線や化学変異剤を用いてDNAの変異を誘発して，有益な突然変異体を単離し，利用していこうという試みもある．

7 遺伝子操作

〔キーワード〕制限酵素，DNA リガーゼ，DNA ベクター，形質転換，PCR

　第6章でみたように，DNA は RNA に転写され，タンパク質に翻訳されることから，DNA を思い通りに改変することができれば RNA やタンパク質の改変も可能ということになる．幸い，DNA は安定であり，生物が元来もつさまざまな DNA 修飾酵素を利用して，さまざまな改変ができる．さらに人工的に合成することも難しくない．このように，DNA を人工的に改変し，生物に導入する手法を組換え DNA 技術（recombinant DNA technology）と呼ぶ．組換え DNA 技術による DNA の改変は，遺伝子の分子レベルでの機能解析や遺伝子組換え生物の作成に非常に有用な手段となっている．

7.1　制限酵素と DNA リガーゼ

　DNA はアデニン（A），チミン（T），グアニン（G），シトシン（C）の塩基配列が続いたものであるが，細菌の多くは制限酵素（restriction enzyme）と呼ばれる特定の塩基配列を認識して切断する酵素をもっている．認識配列の長さは酵素によって異なるが，多くは4〜8塩基の配列を認識する．また，切断様式にもいくつかあり，切断後容易に再結合できるような一本鎖の相補性をもった末端（付着末端，cohesive end）を生じるもの，一本鎖部分をもたない平滑末端（blunt end）を生じるものがある．代表的な制限酵素のひとつに *Eco*RI がある（図 7.1）．この酵素は GAATTC という配列の二本鎖 DNA を認識して切断する．そのとき，5′側が突出した付着末端を生じる．*Eco*RI で切断された二本鎖 DNA の末端はすべて 5′側から見て AATT の一本鎖の配列をもち，これは切断されたもう一方の末端と相補性をもつ．したがって，*Eco*RI で切断された末端同士ならどの末端も切断後に塩基対形成をすることができる（図 7.2）．

7.2 DNAクローニング

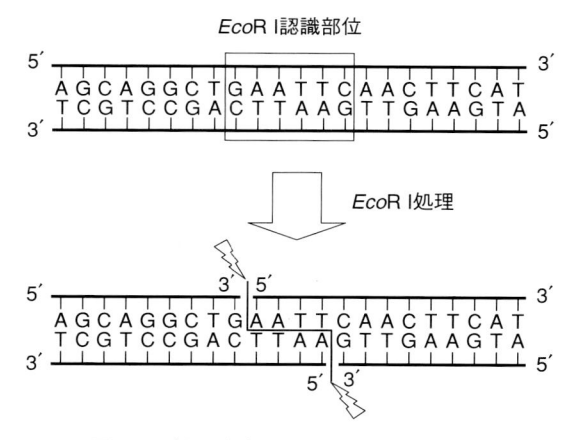

図7.1 制限酵素によるDNAの切断様式

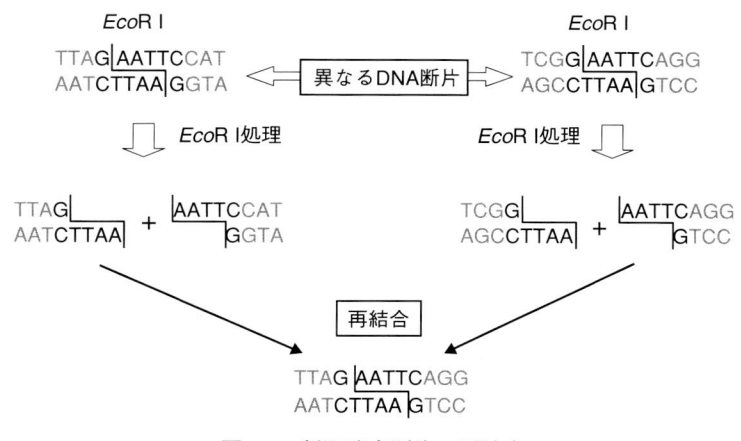

図7.2 制限酵素断片の再結合

制限酵素により切断されたDNA断片は再び塩基対形成をすることができるが，不安定であり，DNAリガーゼ（DNA ligase）という酵素で共有結合させることにより安定化する（後述）．制限酵素とDNAリガーゼを用いることにより，我々はDNAを「切ったり，貼ったり」できることになる．

7.2 DNAクローニング

同一のDNA分子を大量に増殖させることをDNAクローニング（DNA cloning）と呼ぶ．DNAクローニングは，目的DNA断片をクローニングベクターに挿入することにより行われる．クローニングベクターを用いたDNAの増殖には，一般に大腸菌が用いられる．クローニングベクターには，ウイルス由来のウイルスベクター（virus vector）やプラスミド由来のプラスミドベクター（plasmid vector）な

どがある．クローニングベクターに取り込まれた DNA は，大腸菌を一晩培養することで，1分子から大変な数に増やすことができる．クローニングベクターは，DNA のクローニングやその後の解析がしやすいようにさまざまな工夫がなされている．

7.3　プラスミドベクター

プラスミドとは細胞内に存在する環状二本鎖 DNA である．プラスミド内には複製起点があり，細胞内で増殖が可能である．一般的なプラスミドベクターには，マルチクローニングサイトという人工的に設計された制限酵素認識配列が複数存在する部位があり，DNA 断片の挿入に利用される．図 7.3 に pUC18 というプラスミドベクターの構造を示す．例えば，プラスミドベクターを EcoRI で切断した後，EcoRI で切断した他の DNA 断片をプラスミドベクターへ挿入することができる．ただし，このままではプラスミドと DNA 断片の間の結合はわずか4塩基対の水素結合のみであり，断片同士を DNA リガーゼにより共有結合させる（ライゲーション，ligation）必要がある．DNA リガーゼで結合された DNA 断片は，プラスミドの一部として大量に増殖させることができる．

これらの反応は試験管内で行われるが，実際にプラスミドを増殖させるには大腸菌の中にできあがった DNA を導入しなければならない．これを形質転換（transformation）と呼ぶ．大腸菌を形質転換させるのは比較的容易である．コンピテントセルと呼ばれる DNA を取り込みやすい状態にした大腸菌とプラスミド DNA を混ぜて静置しておくだけで，プラスミド DNA は大腸菌内に導入される．あるいは，電気パルスを与えて細胞に穴をあけることでプラスミドを導入するエレクトロポレーションという方法によっても形質転換が可能である．ただし，これらの方法でもすべての細胞が形質転換されるわけではな

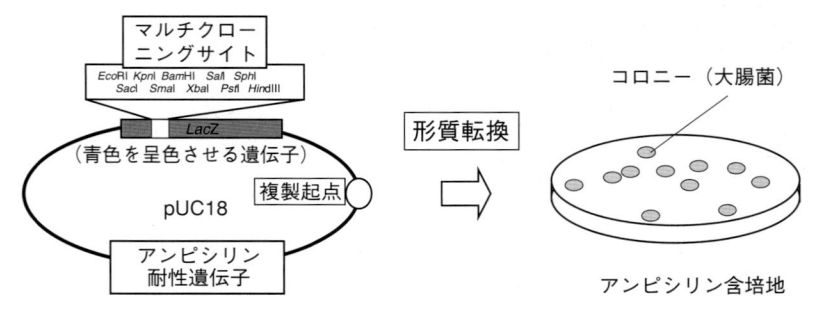

図 7.3　プラスミドベクターによる外来 DNA のクローニング

い．また，通常プラスミドは大腸菌の生育に必要ではないため，形質転換を行った大腸菌をそのまま培養してもプラスミドが導入された大腸菌だけが増殖することはない．そこで，プラスミドベクターには抗生物質耐性遺伝子のような選択マーカー（selection marker）遺伝子が組み込まれている．図中のpUC18の例ではアンピシリンという抗生物質に耐性を与える遺伝子をもっている．培地にアンピシリンを入れておくことで，プラスミドが導入された大腸菌を選択的に増殖させることができる．大腸菌を固形培地で培養すると，コロニー（colony）と呼ばれる大腸菌の固まりが形成される．これは1個体の大腸菌が増殖してできたもので，多数の個体であってもすべて同一のプラスミドをもっている．

抗生物質
主に微生物が産生する細胞の増殖を抑制する物質．アンピシリンの他にカナマイシン，ハイグロマイシン，クロラムフェニコールなどが選択用に用いられる．

7.4 プラスミドベクターによるクローニング

ここでプラスミドベクターによるDNA断片のクローニングの実際について見てみたい（**図7.4**）．pUC18は*Eco*RI認識部位をマルチクローニングサイト内に1カ所もっており，*Eco*RIで切断するとpUC18は環状から線状になる．外来のDNAを同様に*Eco*RIで切断し，pUC18と混合する．この状態でDNAリガーゼを反応させると，外来DNAを含まない元通りのpUC18になってしまう（セルフライゲーション，self-ligation）可能性があるので，*Eco*RIで処理されたpUC18

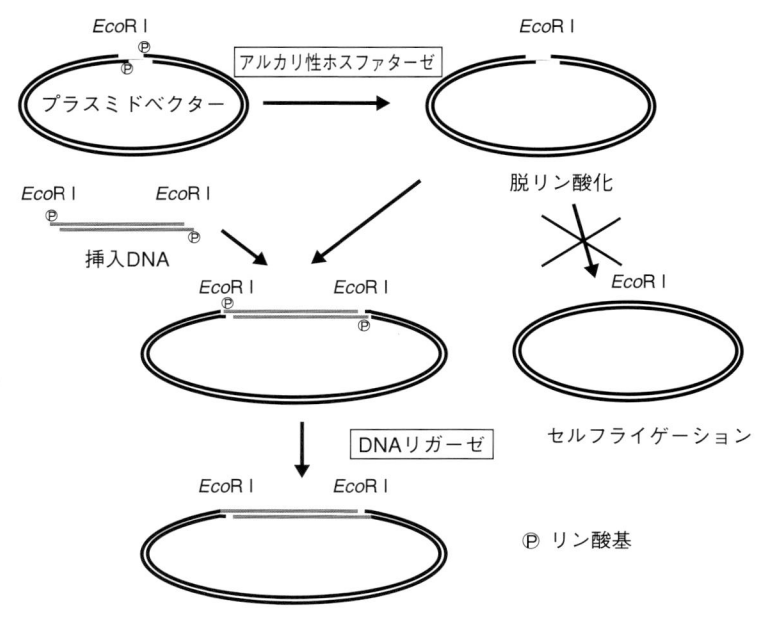

図7.4 プラスミドベクターの使用法

セルフライゲーション
プラスミドベクターによるDNAクローニングに際して，外来DNAが挿入されずにライゲーション反応がおきること．アルカリ性ホスファターゼ処理を行わなければ，外来DNAが挿入されたプラスミドよりセルフライゲーションされたプラスミドの方ができやすい．pUC18では基質を加えると青色を発色する遺伝子内にはマルチクローニングサイトが構築してあり，ここに外来遺伝子が挿入されるとこの青色遺伝子が破壊され，コロニーが白色になるように設計されている．つまり，白色のコロニーは目的遺伝子がクローニングされた大腸菌ということになる．

をアルカリ性ホスファターゼ（alkaline phosphatase）という酵素で処理する．DNAリガーゼはDNAの5′切断末端がリン酸基をもっているときのみ末端を結合させることができるが，アルカリ性ホスファターゼで処理すると，このリン酸基が末端から除去され，pUC18の末端同士の結合を防ぐことができる．一方，リン酸基を5′切断末端にもつ挿入DNAは，脱リン酸化したベクターと結合可能である．したがって，アルカリ性ホスファターゼ処理をしたプラスミドベクターとDNA断片を混ぜてライゲーションを行うと，DNA断片が挿入されたもののみが環状プラスミドになり，大腸菌の中で増殖して行くことになる．

DNA断片の挿入には，必ずしも同じ酵素で切断されたDNA断片を用いなくても，切断末端の構造が一致していればよい．例えば，*Bam*HIと*Bgl*IIは認識配列は異なるが，切断末端の構造が一致しているため，塩基対形成をすることができ，*Bam*HI部位に*Bgl*II断片を挿入することが可能である（図7.5A）．ただし，その結果できた配列は*Bam*HIにも*Bgl*IIにも認識されない配列になっている点に注意が必要である．逆に，同じ認識配列の制限酵素でも，切断末端の形状が異なればDNA断片の挿入はできない．例えば，*Apa*Iと*Bsp*120Iは共にGGGCCC配列を認識するが，*Apa*Iは3′突出末端であるのに対し，*Bsp*120Iは5′突出末端であるため，塩基対形成はできない（図7.5B）．一方，平滑末端は相補性をもつ一本鎖領域をもたないが，DNAリガーゼを用いて互いに結合させることができる（図7.5C）．この場合，すべての平滑末端は互いに結合しうる．ただし，付着末端の結合に比

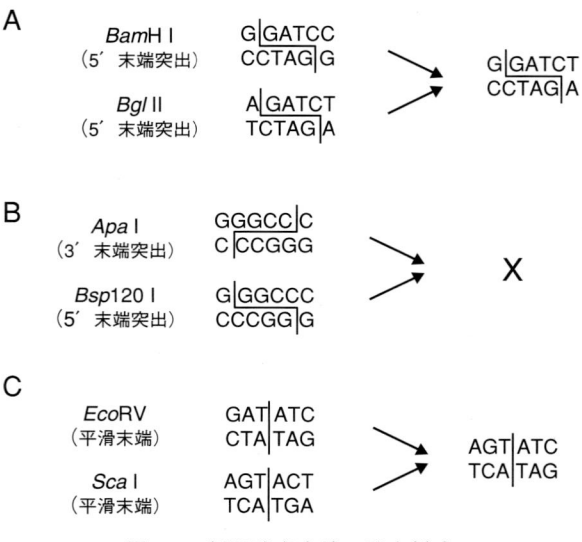

A
*Bam*H I　　　G|GATCC　　　　　G|GATCT
（5′末端突出）CCTAG|G　　→　　CCTAG|A

Bgl II　　　A|GATCT
（5′末端突出）TCTAG|A

B
Apa I　　　GGGCC|C
（3′末端突出）C|CCGGG　　→　　X

*Bsp*120 I　　G|GGCCC
（5′末端突出）CCCGG|G

C
*Eco*RV　　　GAT|ATC　　　　　AGT|ATC
（平滑末端）CTA|TAG　　→　　TCA|TAG

Sca I　　　AGT|ACT
（平滑末端）TCA|TGA

図7.5　制限酵素末端の結合様式

べ，結合効率は低くなる．ある種のDNAポリメラーゼを用いることで付着末端も平滑末端化することができる．このため，適当な制限酵素認識部位がない場合は，末端を平滑化することでDNAをクローニングすることがある．

7.5 ウイルスベクター

　大腸菌を用いた組換えDNA実験では，大腸菌ウイルスであるラムダファージ（λ phage）がウイルスベクターとして用いられる（図 7.6）．ファージベクターは線状であり，クローニングサイトをもつ．制限酵素やDNAリガーゼを用いてDNA断片を挿入するのはプラスミドベクターと同様である（ただし，線状に連結したものになる）．決定的に違うのは，ファージは大腸菌を宿主とした病原体であるという点である．大腸菌にウイルスベクターを導入するには，プラスミドのような形質転換法を用いず，できあがったDNAをインビトロパッケージング（in vitro packaging）という方法でウイルス粒子の中に組み込み，それを大腸菌に感染させるという方法を用いる．ファージは大腸菌内で爆発的に増殖し，ついには大腸菌を殺してしまう．これを溶菌という．固体培地上で感染を行うと，大腸菌が培地上に一面に生育する中に溶菌した個所が透明な円（プラーク，plaque）のように見える．これはひとつのファージ由来のものであり，そこに含まれるファージ粒子は同一のものである．溶菌後，ファージはウイルス粒子として単離

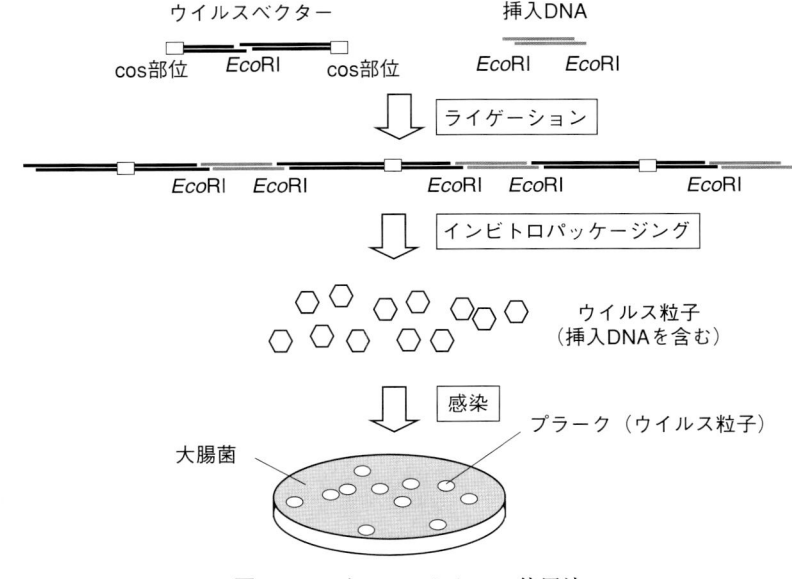

図 7.6 ウイルスベクターの使用法

され，その中のDNAを精製することになる．

7.6 PCR法

これまでの例はすべて生物が元々もっていたDNA増殖の機構を巧みに利用したものであるが，PCR（polymerase chain reaction）は，DNAをクローニングすることなく試験管内で直接増幅してしまうという画期的技術である．

これはDNAポリメラーゼを試験管内で繰り返し反応させ，特定領域を増やそうというものである（図7.7）．DNAポリメラーゼによるDNA合成を行うには，プライマーと呼ばれる鋳型のDNAに相補的なDNAが必要である．このプライマーが結合した部位から5′側から3′側にDNA合成が行われる．生体内でのDNAの複製の際には酵素による二本鎖DNAの解離が必要であるが，PCR法ではこれを熱変性という方法で行う．DNAは水素結合で二本鎖を形成しているだけであり，高温では一本鎖に解離する．PCR法ではまず最初に95℃程度の高温で処理することにより一本鎖解離を行う．この過程を変性（denature）と呼ぶ．次に50℃から60℃程度で静置する．これはプライマーが一本鎖となったDNAの相補的な部分と塩基対形成する過程であり，アニーリング（annealing）と呼ばれる．この後72℃で静置する．これはDNAポリメラーゼがDNA鎖を伸長させる（extension）過程である．PCR法では，この「変性→アニーリング→伸長」の過程を1サイクルとして，これを数十回繰り返す．

2つのプライマーを特定領域を挟み込むように設計しておくことで

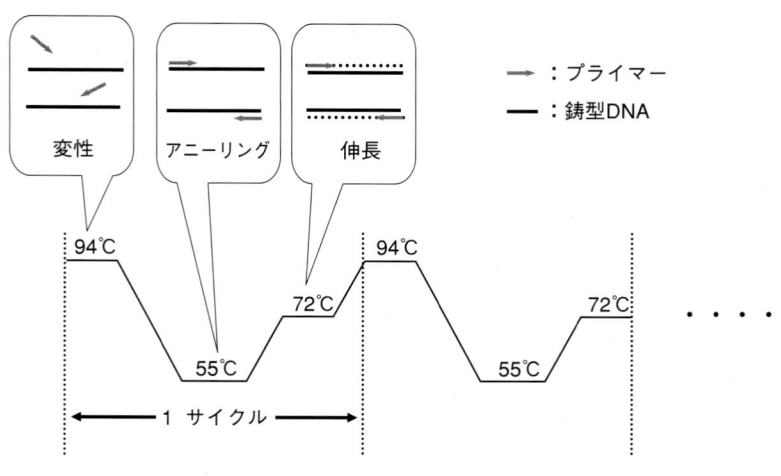

図7.7 PCR法の原理I

DNAは爆発的に増幅する（**図7.8**）．1度目のサイクルでは鋳型DNAからプライマーを用いたDNA合成が行われるが，2度目のサイクルからは1度目のサイクルで合成されたDNAも鋳型として用いられることになり，サイクル数を進めるごとに「倍々ゲーム」でDNAが増幅して行くことになる．このとき，最終的に増幅されるのは2つのプライマーに挟まれた領域であること，増幅産物はプライマー配列を含んでいることに注意が必要である（**図7.9**）．理論的には30サイクルの反応で2の30乗倍（約10億倍）のDNAが増幅することになる．条件にもよるが，1サイクルは5分程度であり，これだけの増幅に2〜3時間しかかからないことになる．

PCR法で用いられているDNAポリメラーゼは，好熱性細菌からとられた特殊なものである．PCRは高温で行われるため，通常のDNAポリメラーゼでは1サイクルごとに失活してしまい，このような増幅はおきない．ところが好熱性細菌のDNAポリメラーゼは高温でも失活しないため，PCRの過程中活性を保ち続けることができるのであ

好熱性細菌
温泉などに生息する細菌．好熱性細菌 *Thermus aquaticus* から単離されたDNAポリメラーゼは *Taq*DNAポリメラーゼとしてPCR法に頻用される．逆に好冷性の生物からは，高温で容易に失活するアルカリ性ホスファターゼが単離され，使用されている．

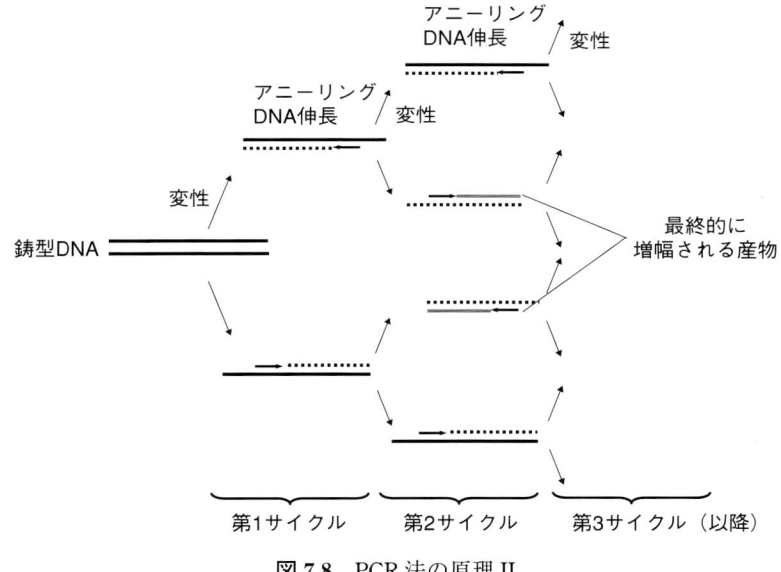

図7.8 PCR法の原理 II

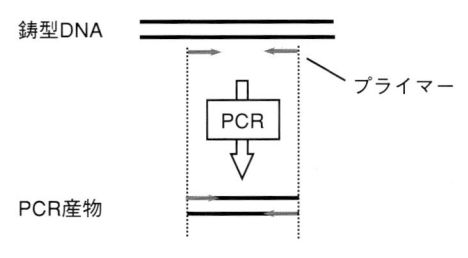

図7.9 PCR法により増幅されるDNA断片

る．酵素は通常 37 ℃ が反応の至適温度であるが，好熱性細菌の酵素は 70 ℃ 程度が至適温度であり，伸長反応はこの温度で行われる．

PCR 法により増幅された DNA は，プラスミドベクターに挿入して扱うことが多い．

7.7　DNA の取り扱い

組換え DNA の操作は基本的に大腸菌を用いて行う．大腸菌からのプラスミド DNA の精製法にはさまざまあるが，アルカリ SDS 法という方法が頻用される（図 7.10）．これは，強アルカリ・SDS 存在下で大腸菌を溶菌し，中和後細胞壁成分などとゲノム DNA を沈殿させるものである．その上清にはプラスミド DNA が含まれるが，まだタンパク質も含まれるため，フェノールとクロロホルムの混合液を加える．この処理で界面部分にタンパク質が析出する．その上清には不純物が含まれるため，これを塩存在下でエタノールを加えることにより DNA を沈殿させる．これらの操作で DNA はかなり精製される．フェノール／クロロホルム処理とエタノール沈殿は DNA 精製の基本となっている．DNA は水溶性であるのでこの沈殿は水に溶解するが，この際にしばしば Tris-EDTA 緩衝液が用いられる．Tris（tris hydroxymethyl aminomethane）は pH を調整する緩衝剤であるが，EDTA（ethylenediamine tetraacetic acid）はマグネシウムイオンをキレートする役目を果たす．DNA 分解酵素はその触媒活性にマグネシウムを必要とするため，EDTA を加えておくことで DNA を安定化させることができるのである．

この溶液に適当な緩衝液を加え，制限酵素を加えることで DNA を分解することができる．多くの場合，反応は一般的な酵素反応の至適温度である 37 ℃ で行われる．他の酵素反応も 37 ℃ で行われることが

SDS
ドデシル硫酸ナトリウム（sodium dodecyl sulfate）．界面活性剤の一種

Tris-EDTA 緩衝液
しばしば TE と略される．Tris が 10 mM，EDTA が 1 mM で，pH は 7.5 ～ 8.0 が一般的である．制限酵素用緩衝液には 1 倍濃度で 1 mM になるようにマグネシウムイオンが含まれているため，TE に溶解した DNA も切断することができる．

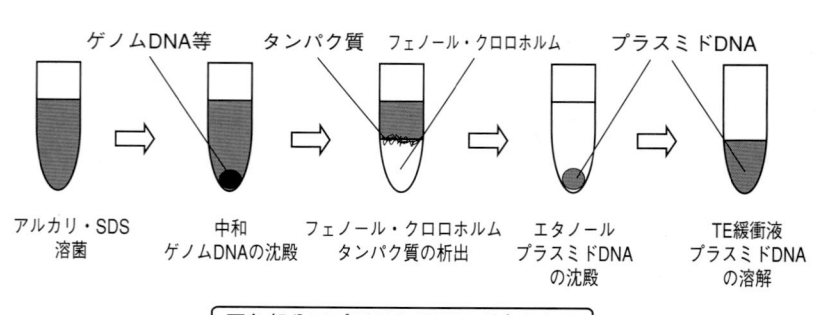

図 7.10　アルカリ SDS 法によるプラスミド DNA の精製

多いが，ライゲーション反応は 16 ℃などの低温で行われる．これは短い付着末端が塩基対形成するにはある程度低温であることが必要であるからで，平滑末端の場合は必ずしも低温で反応させる必要はない．

■コラム■　DNA の修飾

　多くの細菌は制限酵素をもつ．これはファージなどの外来の DNA を切断しようとする防衛手段のひとつである．しかし，制限酵素は大腸菌自身の DNA も切断してしまうはずである．それを防いでいるのがメチル化という DNA の修飾である．制限酵素は認識配列の一部の塩基にメチル基が付加されていると切断できなくなる．細菌は自分自身の DNA の制限酵素認識配列をメチル化する酵素（メチラーゼ，methylase）をもっている．この酵素により制限酵素は外来の DNA だけを切断することになる．メチラーゼは制限酵素をもたない高等生物にも存在する．高等生物のメチラーゼは必ずしもゲノム上の特定塩基配列をすべてメチル化するようなものではなく，遺伝子の発現調節を含めたさまざまな場面で働いている．

8 遺伝子単離

〔キーワード〕ゲノム DNA ライブラリー，cDNA ライブラリー，コロニー（プラーク）ハイブリダイゼーション，ゲル電気泳動法，サザンブロット法，塩基配列決定法

　前章では遺伝子操作法について触れたが，この章ではそれらの技法を用いた遺伝子単離の方法について述べたい．遺伝子単離は PCR 法を利用した特別な場合を除き，DNA ライブラリーと呼ばれるクローニングベクター上に挿入されたさまざまな DNA 断片の集団を作成し，そこから望みの遺伝子を含むものを選び出すという手法をとる．DNA ライブラリーの中から選び出されたひとつひとつのクローニングベクター上の DNA 断片を DNA クローン（DNA clone）と呼んでいる．

8.1　ゲノム DNA ライブラリー

　遺伝子単離には現在さまざまな方法が用いられているが，もっともオーソドックスな方法は，ゲノム DNA ライブラリーを作成し，そこから目的遺伝子を単離するものである（図 8.1）．ゲノム DNA ライブラリーの作成には，まず対象生物からゲノム DNA を抽出することが必要である．この DNA を特定の制限酵素で切断する．これをベクターに挿入することでゲノム DNA ライブラリーはつくられる．このようなさまざまな DNA 断片が挿入された集団を DNA ライブラリーと呼んでいる．ベクターにはプラスミドベクターもウイルスベクターも用いられるが，通常のゲノム DNA ライブラリーでは，高い形質転換効率や DNA ライブラリーとしての扱いやすさなどからウイルスベクターが用いられることが多い．ただし，特殊な場合にはプラスミドベクターによる DNA ライブラリーも作成される．ウイルスベクターは構造上挿入できる DNA の大きさに上限がある．全ゲノム塩基配列決定などに用いられる巨大な DNA が挿入された DNA ライブラリーは，バクテリア人工染色体（bacterial artificial chromosome；BAC）など

ゲノム（genome）
生物の生命活動に必要な遺伝子の 1 セット．第 10 章参照．

人工染色体
BAC は単に巨大分子を安定に維持できるプラスミドベクターであり，元来，人工染色体は酵母などで開発された線状染色体と同じ機能をもつものを指す．酵母人工染色体は YAC（yeast artificial chromosome）と呼ばれ，巨大 DNA のゲノムライブラリー作成に用いられてきたが，現在では BAC が主流となっている．

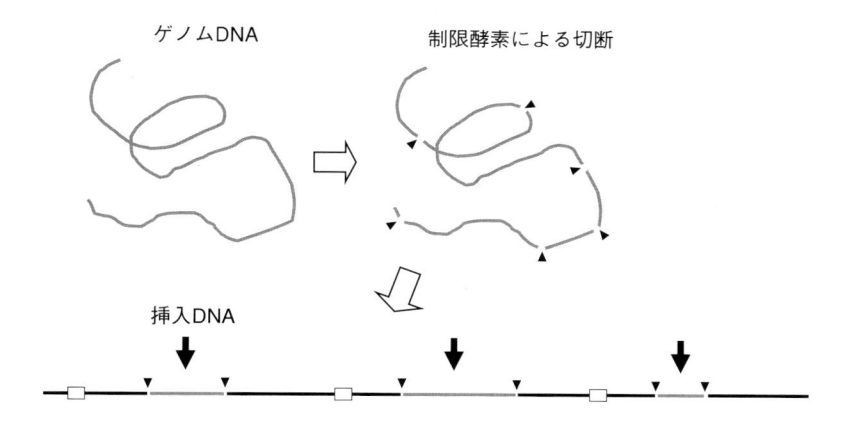

図8.1 ゲノム DNA ライブラリーの作成

のプラスミドベクターにより作成される．

8.2 cDNA ライブラリー

　ゲノム DNA ライブラリーはすべてのゲノム DNA に対応可能であるが，ゲノム DNA は遺伝子領域でない部分も含む．また，真核生物の遺伝子はイントロンで分断されており，タンパク質への翻訳などを目的にする実験には適当ではない．mRNA に対して相補的な DNA を cDNA（complementary DNA）と呼ぶ．この cDNA をライブラリー化したものが cDNA ライブラリーである．これは発現している mRNA に対応していることになる．cDNA の作成には通常の転写の逆反応である逆転写（reverse transcription），つまり RNA からその配列に相補的な DNA を合成するという過程が必要になる（図 8.2）．この反応は逆転写酵素（reverse transcriptase）という酵素が触媒するが，その際にプライマーが必要となる．このとき，ポリ A 尾部に相補的な T が連なった配列（oligo dT，オリゴ dT）を用いることによりすべての mRNA からの逆転写が可能となる．このような方法によりつくられた一本鎖の cDNA を二本鎖 DNA へ変換する方法にはいくつかある．図 8.2 は，RNaseH を用いて cDNA と mRNA の二本鎖のうち RNA を部分分解し，DNA ポリメラーゼによりこの RNA をプライマーとして cDNA に相補的な DNA を合成させる方法を示している．できあがった二本鎖 DNA には切れ目があるので，これを DNA リガーゼで結合させ，通常ウイルスベクターに挿入することにより cDNA ライブラリーは作成される．cDNA ライブラリーは mRNA から作成するため，

オリゴ dT
T が連なった合成 DNA．cDNA の作成にはあらかじめ全 RNA からオリゴ dT に結合する分子を精製し，これを mRNA として鋳型に用いる．一般に，短い一本鎖の合成 DNA をオリゴヌクレオチド（oligonucleotide）と呼ぶ．

RNaseH
RNA 分解酵素の一種．

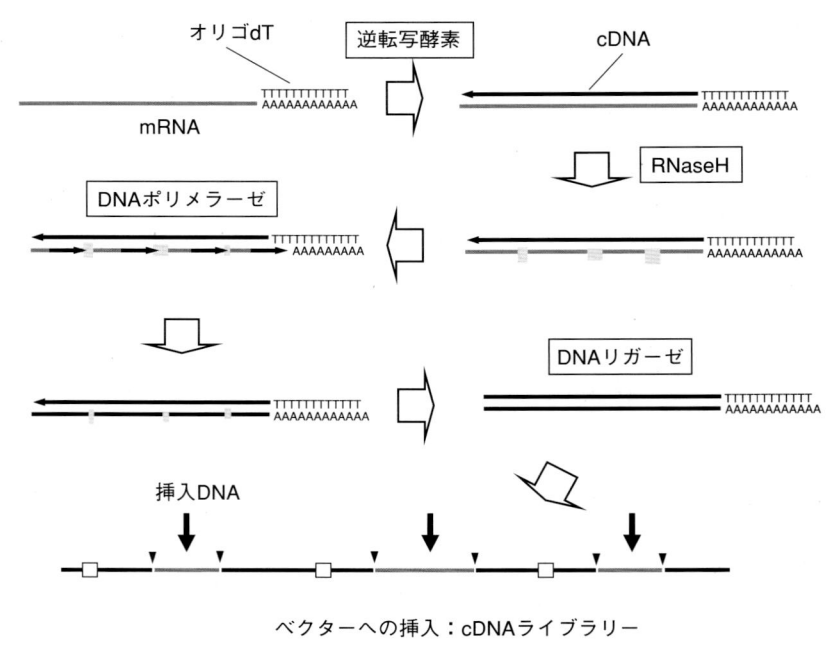

図 8.2 cDNA ライブラリーの作成

　ひとつの種でも異なる組織，異なる条件下からさまざまな特徴をもったライブラリーが作成されることになる．

　cDNAライブラリーの質は，逆転写酵素が十分逆転写反応を行えるかにより大きく左右される．単離されたcDNAクローンは本来のmRNAの長さより短いことがしばしばある．「完全長」のcDNAの情報は非常に重要であり，特別な方法により完全長のcDNAを多く含んだ完全長cDNAライブラリーも作成されている．

8.3　ハイブリダイゼーション

　二本鎖DNAは100℃近い高温や強アルカリ性では変性して一本鎖になる．これは適当な条件下では徐々にもとの相補鎖と二本鎖形成を行うようになる．この過程をハイブリダイゼーション（hybridization）と呼ぶ．ハイブリダイゼーションは特定DNA配列の検出に利用できる（図8.3）．つまり，特定のDNAに放射性同位元素などを利用して標識をしておき，これを変性したDNAとハイブリダイゼーションさせると，標識されたDNAと相補的な配列をもつDNAだけが標識されることになる．このとき，標識されたDNAをプローブ（probe）と呼ぶ．DNAは完全に相補的なDNAと効率良くハイブリッド形成を行うが，塩濃度を高めたり温度を下げてやることで，完全には相補

図 8.3 ハイブリダイゼーションの原理

的ではない DNA にも結合する．

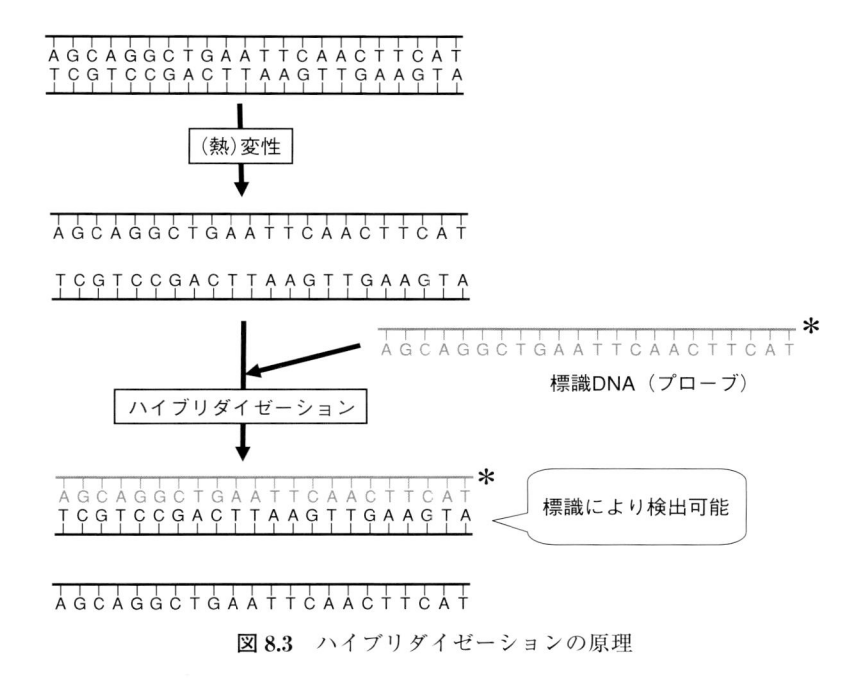

8.4 ライブラリーのスクリーニング

作成したプラスミドライブラリー中に目的の DNA 断片がクローニングされているものがあるかどうかを調べる方法のひとつにコロニーハイブリダイゼーション法がある（**図 8.4**）．まず，プラスミドを導入した大腸菌を固形培地の上で生育させる．生育したコロニーをナイロンメンブランなどの DNA を吸着する膜に写し取る．コロニーは大腸菌であるが，その後の処理により中の DNA が溶け出し，膜に結合する．この DNA をアルカリ処理により変性させ，一本鎖に変性した標識プローブ DNA とハイブリダイゼーションさせる．膜上の標識を検出し，もとのコロニーと対応させる．標識が検出された位置のコロニーには目的の遺伝子が導入されていることになる．同様にウイルスベクター上に構築されたライブラリーは，プラークハイブリダイゼーションによりスクリーニングすることができる．

8.5 ゲル電気泳動の原理

DNA はゲル電気泳動法（gel electrophoresis）という方法を用いて分子の大きさにより分離することが可能である（**図 8.5**）．DNA は負

図 8.4　コロニーハイブリダイゼーション法

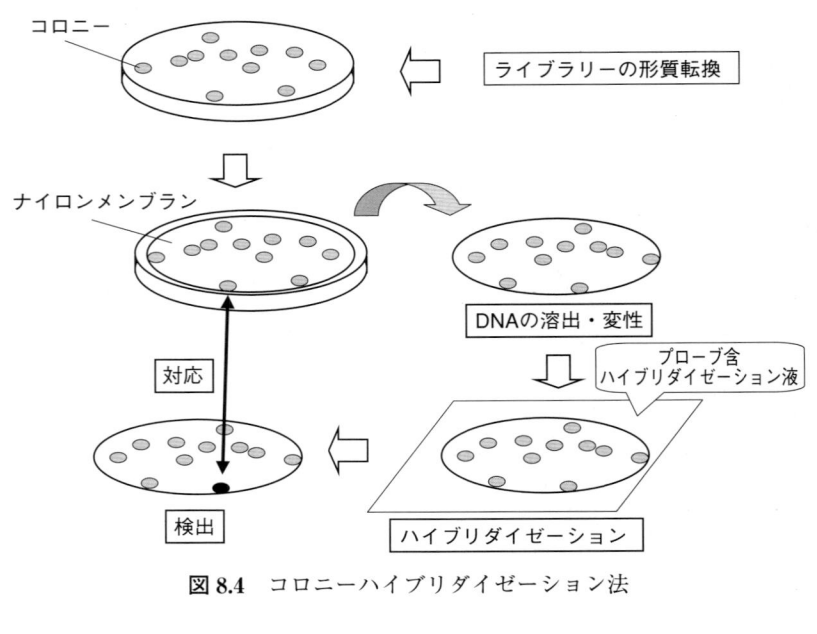

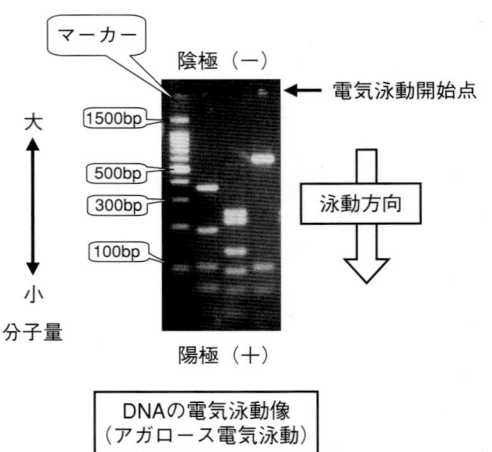

図 8.5　DNA の電気泳動

ポリアクリルアミドゲル
アクリルアミドを水溶液中で重合させて作成する．後述の塩基配列決定ではポリアクリルアミドゲルが用いられる．

アガロースゲル
寒天を精製した物質であるアガロースを熱で溶解させた後，冷却して作成する．

に帯電しているため，電場に置くと陽極側に引かれる．ゲルと呼ばれる分子ふるいを通過させると，大きい分子ほど負の帯電は大きいが，抵抗の影響が上回るため，大きい分子は移動が遅くなる．その分解能は，選択するゲルの性質や濃度，泳動方法により，1 塩基対（base pair；bp）から 100 万塩基対とさまざまである．一般に低分子のDNA の分離には「ふるいの目」が小さいポリアクリルアミドゲルが使用されるが，大きな DNA を分離するにはアガロースゲルが用いられる．DNA は通常二本鎖の状態で電気泳動するが，ゲル中に変性剤を入れておくことにより一本鎖変性状態で電気泳動させることもできる．DNA は無色透明であるが，DNA に結合すると紫外線照射により

蛍光を発する試薬（エチジウムブロマイドなど）で染色してやることで可視化することが多い．実際には図8.5のように暗い背景にDNAのバンドが光って見える．DNA断片の大きさは，既知の大きさのDNA（マーカー DNA，marker DNA）を一緒に電気泳動して比較することで推定できる．

8.6　サザンブロット法

電気泳動することにより分離したDNAのどれが目的の遺伝子であるかを調べる方法のひとつとしてサザンブロット法（Southern blotting）がある（**図8.6**）．これは電気泳動したゲルに含まれるDNAをプラークハイブリダイゼーション法やコロニーハイブリダイゼーション法と同様にナイロンメンブランに写し取り（ブロッティング，blotting），標識プローブで検出するものである．多くの場合，ブロッティングは緩衝液の浸透とともにDNA分子が移行することを利用した手法が用いられる．アルカリ性の液中で一本鎖に変性させた後にブロッティングする．DNAは移動中にナイロンメンブランに吸着される．吸着したDNAはナイロンメンブランに固定させた後，標識プローブとハイブリダイゼーションさせる．標識を検出することにより，電気泳動で分離されたどのサイズのDNAがプローブに用いたDNAと同一であるかがわかる．DNAは多くの場合制限酵素で消化し，適当なサイズに切断した後に電気泳動する．ゲノムDNAを制限酵素で処理した場合，さまざまな大きさのDNA断片があらわれるため，DNA

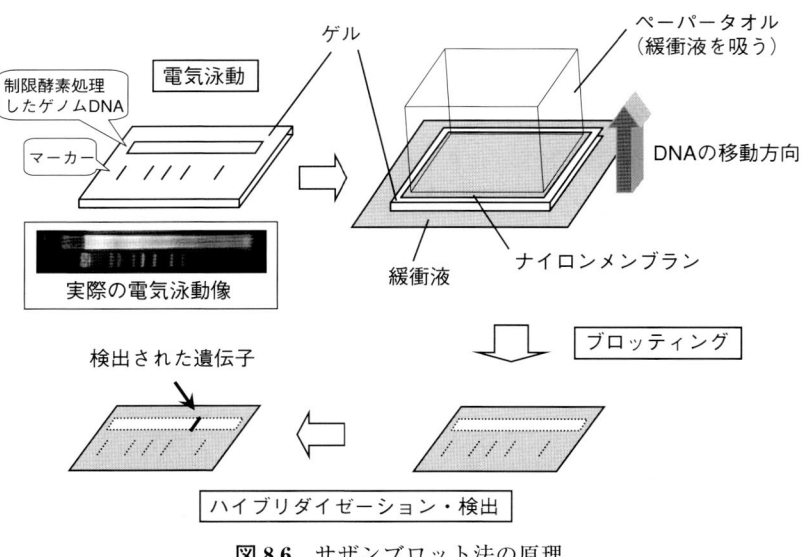

図 8.6　サザンブロット法の原理

はボーッとした筋状に検出されるが，サザンブロット法により遺伝子はバンド状に検出される．

8.7 塩基配列決定の原理

第6章でも述べたように，DNAは暗号になっており，その塩基配列を知ることで遺伝子機能に迫ることができる．例えばコード表にもとづき，塩基配列からその遺伝子がどのようなタンパク質をつくるのかがわかる．DNA塩基配列の決定の原理は以下の通りである（図8.7）．

まず，塩基配列を決定したいDNAは変性して一本鎖とする．既知の塩基配列部分に相補的なプライマーを鋳型DNAにアニーリングさせてDNAポリメラーゼによりDNA合成を行う．プライマーにはベクターのマルチクローニングサイト付近の配列がよく用いられる．DNA合成の基質としては，通常の4種のデオキシヌクレオシド三リン酸（dATP，dCTP，dGTP，dTTP）のほかに特定の塩基についてジデオキシヌクレオシド三リン酸を加えておく（図8.7ではddATP）．

DNAポリメラーゼがデオキシヌクレオシド三リン酸を取り込めばそのままDNA合成は続くが，ジデオキシヌクレオシド三リン酸を取り込んだ場合はそこで伸長反応が止まる．したがって，特定塩基のジ

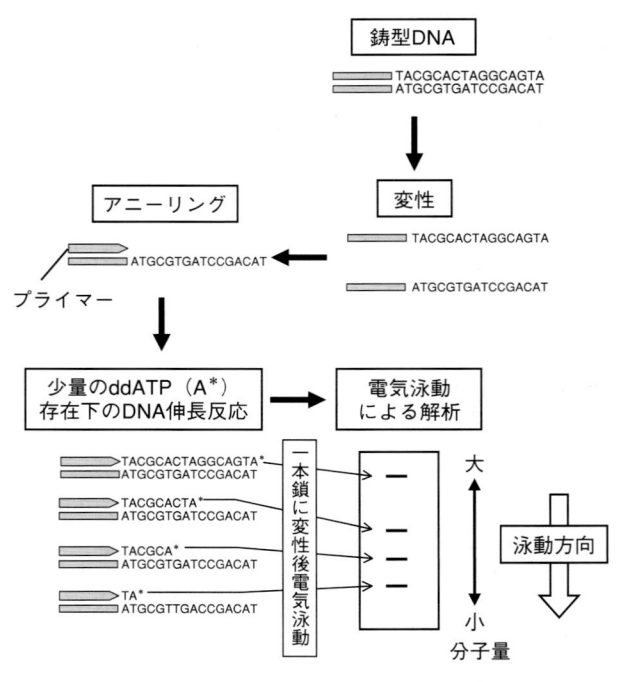

図 8.7 DNA塩基配列決定の原理 I

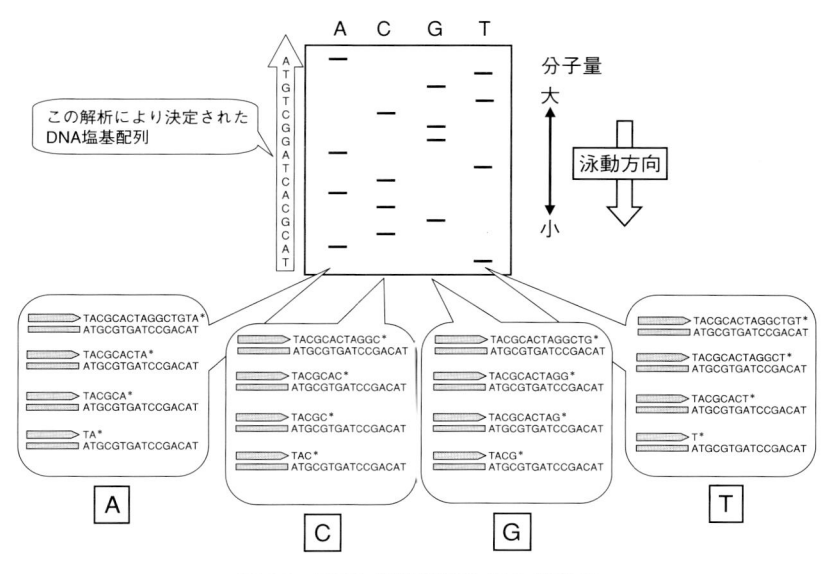

図 8.8　DNA 塩基配列決定の原理 II

デオキシヌクレオシド三リン酸を加えておけば，その塩基の個所で伸長反応が止まることになる．ジデオキシヌクレオシド三リン酸（ddATP）よりデオキシヌクレオシド三リン酸（dATP）を過剰に加えておくと，伸長停止はある確率でしかおきず，さまざまな A 塩基の個所で伸長が止まった DNA の複製産物が合成されることになる．その伸長停止個所を特定することで A 塩基の位置を知ることができる．伸長停止個所の特定は，一本鎖に変性した DNA の長さを電気泳動法により測定することで行う．このとき，プライマーあるいはジデオキシヌクレオシド三リン酸を標識しておくことで新規に合成された DNA のみを検出することが可能になる．ddCTP，ddGTP，ddTTP を用いて同様な反応を行うことで A，C，G，T の 4 種類の塩基の部位を特定し，DNA の塩基配列を決定することができる（図 8.8）．つまり，図 8.8 中では分子量の小さい順に T，A，C，G，C，…と読んで行く．

以前は 4 つの塩基の反応は別々の反応として行い，4 つのレーンを用いて電気泳動することが多かったが，現在では ddATP，ddCTP，ddGTP，ddTTP のそれぞれに異なる蛍光色素で標識しておくことで，1 レーンで解析する方法が主流となっている．

8.8　さまざまな遺伝子単離法

現在，遺伝子単離の方法は多種多様にわたっている．cDNA ライブ

ラリーのスクリーニングにはさまざまな方法が用いられる．例えばcDNAライブラリーの遺伝子を大腸菌の中でタンパク質にまで翻訳させ，それを膜上に写し取り，目的タンパク質に対する抗体でどのクローンが目的タンパク質の遺伝子を含んでいるか同定する方法がある．このように遺伝子をタンパク質にまで翻訳させて遺伝子を単離する手法は，発現スクリーニングと呼ばれる．

発現スクリーニング
抗体を用いたスクリーニング以外にも，DNA結合タンパク質であれば標識DNAにより検出を行うなど，目的タンパク質の性質を利用してさまざまな工夫がある．

PCR法は遺伝子単離にも画期的な方法となっている．PCR法は特定遺伝子（DNA断片）だけを増幅してくることができるため，ライブラリーを作成することなく遺伝子単離を可能にする場合がある．またcDNAクローンの単離にも威力を発揮する．mRNAにPCR法を適用するには，まずオリゴdTなどを用いた逆転写によるcDNAの合成が必要である（図8.2参照）．そのcDNAを鋳型として，既知配列同士あるいは既知配列とオリゴdTをプライマーとして用いたPCRを行うことで，例えばゲノムDNA配列のみが知られた遺伝子のcDNAクローンの単離が可能になる．このようなmRNAからのPCR法をreverse transcription PCR（RT-PCR）（第9章参照）と呼ぶ．PCR法はきわめて微量な鋳型DNAからもDNAを増幅できることが特徴であり，さらにこの方法を用いることにより，非常に発現量が少ない遺伝子のcDNAも単離可能である．また，この方法を応用して微量の組織からcDNAライブラリーを作成することも可能である．

■コラム■　PCR（polymerase chain reaction）法，あれこれ

　PCR法にはさまざまな変法が存在し，組換えDNA技術に革命的なインパクトを与えた．1992年にPCR法の発明に対し，ノーベル化学賞が授与されている．PCR法の最大の特徴は，高いDNAの増幅能力である．これをさらに高めるために，PCR産物の内側にもう一組のプライマーを設計し，PCR産物を鋳型にPCRを行い，増幅力を上げることも試みられる．もうひとつの特徴は，PCRの最終的な増幅産物には増幅に用いたプライマーが含まれるため，プライマーに細工をしておくことでさまざまなDNAの改変ができることである．例えば制限酵素部位を導入してクローニングを楽にすることもできるし，塩基置換を導入するなどにより遺伝子の改変もできる．PCRは原理的に塩基配列が既知の領域にしかプライマーが設計できないため，プライマーで挟むことができる特定領域にしか使えないように思えるが，現在では既知配列の外側の配列も取得できるような技法も開発されている．ここでは紹介できないが，他にも組換えDNA技術のさまざまな場面でPCR法が利用されている．

　PCR法に残された問題のひとつはDNA複製の不正確さである．現在では随分改良されたが，まだPCRで増幅されたDNAには複製ミスが含まれることが少なくない．また増幅できるDNA断片の大きさの問題もある．現在では10 kbp（1万塩基対）程度は増やせるようになったが，それ以上になるとまだかなりの困難がともなう．これらが改良されれば，PCR法はさらに優れた方法になるだろう．

⑨ 遺伝子発現解析

〔キーワード〕 ノーザンブロット分析，RT-PCR，ウェスタンブロット分析，二次元電気泳動，植物の形質転換技術，ベクター，アグロバクテリウム法，パーティクルガン法，遺伝子組換え実験の実施，遺伝子組換え作物

遺伝子は mRNA に転写され，タンパク質に翻訳される．遺伝子がいつどこで，どのくらい発現しているかを調べるためには，mRNA とタンパク質を分析すればよい．例えば，さまざまな組織別，発育ステージ別，あるいは生育環境別に mRNA とタンパク質を分離して発現を比較する．この章では，ノーザンブロット法と RT-PCR を用いた mRNA の解析，およびウェスタンブロット分析と二次元電気泳動によるタンパク質の解析について学習する．さらに，植物の形質転換技術についても学習する．

9.1 ノーザンブロット法

RNA は，アガロースゲル電気泳動を行って分子サイズ別に分画することができる．RNA は DNA と同様に負に帯電しており，マイナス極からプラス極に移動する．分子サイズの小さいものほど早く泳動される．調べようとするさまざまな組織から RNA（全 RNA あるいは mRNA）を抽出し，アガロースゲル電気泳動を用いて分子サイズごとに RNA を分画する．アガロースゲルに含まれる RNA をナイロンメンブランに移しとり，固定する．調べようとする遺伝子をプローブとして，ナイロンメンブラン上の mRNA を検出する（図 9.1）．この分析はノーザンブロット法（Northern blotting）と呼ばれる．

9.2 RT-PCR

mRNA を cDNA に逆転写すれば，PCR を用いて cDNA を検出することができる．植物などの真核生物は，mRNA の 3′ 側にポリ A が付加されている．このポリ A に相補的なオリゴ dT をプライマーにして

プローブ
一本鎖 DNA/RNA が相補的な一本鎖 DNA/RNA と結合することを利用して，相補的な DNA/RNA を同定するために用いられる標識した核酸分子．

Northern blotting
DNA をゲルからメンブランに吸いとる方法は，E.M.Southern（1975）という考案者の名前をとって Southern blotting と名づけられた．それになぞらえて，RNA を移しとる手法は Northern blotting，タンパク質を移しとる手法は Western blotting と名づけられた．"blot" は吸取り紙で吸いとるという意味．

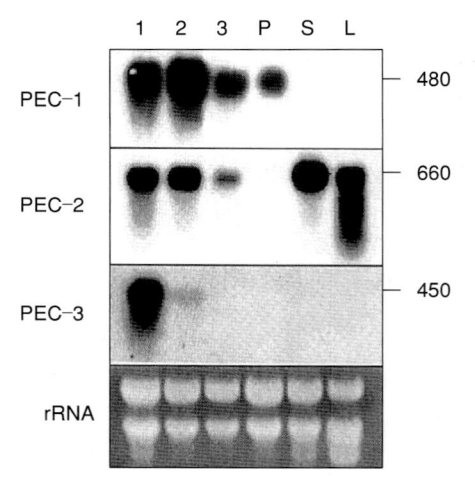

図 9.1 ノーザンブロット法による遺伝子の発現解析[1]

アブラナの発育ステージ別の葯（レーン 1，2，3），花粉（P），柱頭（S），葉（L）の RNA を電気泳動したのち，花粉表面タンパク質の cDNA（PEC-1，PEC-2，PEC-3）をプローブとして検出した．遺伝子によって発現している器官と時期が異なる．

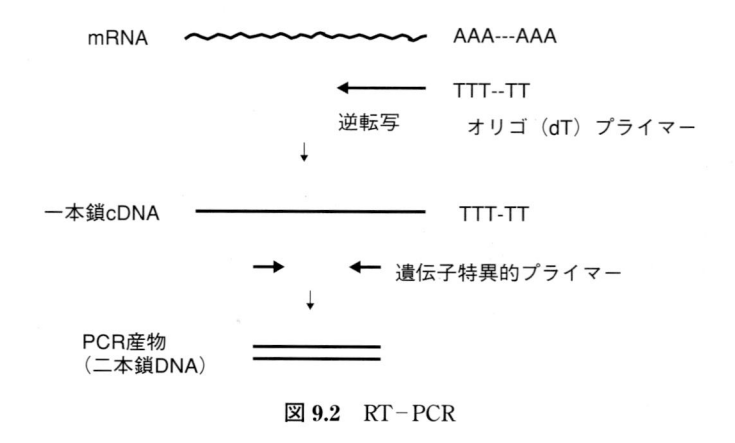

図 9.2 RT-PCR

逆転写酵素（reverse transcriptase）を反応させると，一本鎖の cDNA が合成される（8.2 cDNA ライブラリー参照）．遺伝子特異的なプライマーを用いて PCR を行うと特定の cDNA を増幅することができ，アガロースゲル電気泳動を行うとバンドとして検出できる（**図 9.2**）．RT-PCR を用いれば，ノーザンブロット法を用いるより，微量のサンプルで，しかも高感度で mRNA を検出できる．

9.3 ウェスタンブロット法

組織からタンパク質を抽出し，SDS-ポリアクリルアミドゲル電気泳動を用いて分子サイズ別に分画する．ゲルに含まれるタンパク質を

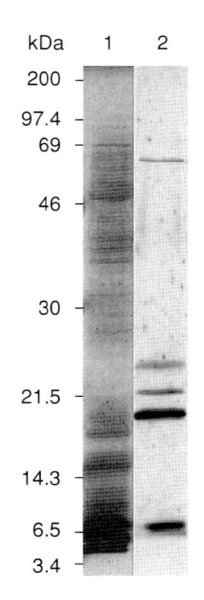

図 9.3 ウェスタンブロット法[1)]
アブラナの花粉表面の全タンパク質（レーン 1），および抗 PEC タンパク質抗体を用いたウェスタンブロット分析を行い，複数の PEC タンパク質を検出した（レーン 2）．

SDS–ポリアクリルアミドゲル電気泳動
ドデシル硫酸ナトリウム（SDS）は陰イオン界面活性剤であり，SDS が結合したポリペプチド鎖は分子サイズが小さいほど速く泳動される．

ナイロンメンブランに移しとって，抗体を用いて抗体と特異的に結合するタンパク質を検出する手法をウェスタンブロット法（Western blotting）と呼ぶ（図 9.3）．

9.4　二次元電気泳動

タンパク質は等電点電気泳動を利用して等電点ごとに分画すること

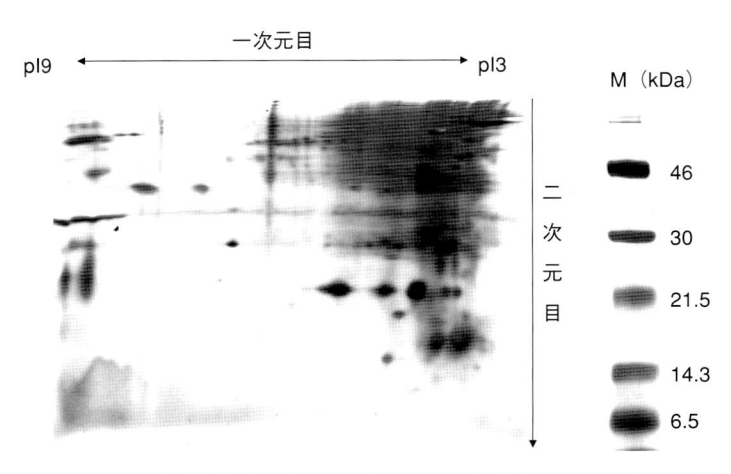

図 9.4 二次元電気泳動によるアブラナの花粉表面タンパク質の分析
M は分子サイズマーカー．

等電点
タンパク質などの両性電解質において正味の荷電が0となるpH値.

もできる．等電点電気泳動を行うと，タンパク質は担体によって形成されたpH勾配上に自らの等電点に相当するpHの位置に濃縮されて静止する．一次元目に等電点電気泳動を行い，二次元目にSDS-ポリアクリルアミドゲル電気泳動を行うと，等電点と分子サイズの両方にもとづき，さらに詳細にタンパク質を分析することができる（図9.4）．

二次元電気泳動像の比較から質量分析計によるタンパク質の同定までの解析，さらにタンパク質相互作用解析や修飾解析なども含め，タンパク質を網羅的に解析することをプロテオーム解析（proteome analysis）と呼ぶ．

9.5 植物の形質転換技術

植物の形質転換を行う際は，1）導入する組換えDNAを含むベクターの構築，2）植物細胞への組換えDNA導入，3）形質転換した細胞の選抜と植物体再分化，の3つのステップが必要である．

a. 導入する組換えDNAを含むベクターの構築

導入する組換えDNAには，5′側にプロモーター領域，タンパク質をコードするコーディング領域，3′側に転写終結を示す領域（ターミネーター）をつなげたものを用いる．これらをプラスミド（plasmid）に挿入する（図9.5）．DNAの切断と連結にはそれぞれ制限酵素（restriction enzyme）とDNAリガーゼ（DNA ligase）を用いる．

プラスミド
自己複製能をもつ環状DNA.

プロモーターに使う塩基配列として，全身で発現誘導させる場合には，カリフラワーモザイクウイルス（cauliflower mosaic virus；CaMV）の35SプロモーターやアグロバクテリウムのNOS（nopaline synthase）プロモーターがよく使われる．特定の部位や時期に発現誘導させたいときは，発現解析がなされている遺伝子のプロモーター領域を用いる．

植物細胞に遺伝子導入を行った場合，すべての細胞に遺伝子が導入されるわけではなく，導入された細胞を選抜する必要がある．選抜マ

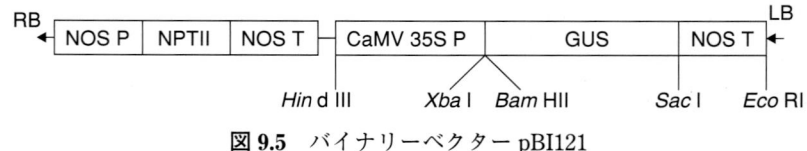

図9.5 バイナリーベクター pBI121
P：プロモーター，T：ターミネーター．

図 9.6 シロイヌナズナの花と GUS 発現の検出
柱頭特異的 SLG プロモーター + GUS 導入個体．柱頭が青く染色され，SLG プロモーターが柱頭特異的に GUS を発現誘導していることがわかる．花の大きさは 5 mm 程度．

ーカーとして，カナマイシン耐性遺伝子（neomycin phosophotransferase II ; NPTII），ハイグロマイシン耐性遺伝子（hygromycin phosphotransferase ; HPT），あるいは除草剤耐性遺伝子などが用いられる．

　遺伝子の転写調節領域を検出したり，プロモーターの発現誘導の組織特異性などを調べたりする場合には，レポーター遺伝子を用いる．植物細胞に用いるレポーター遺伝子としては，大腸菌由来の GUS（β-glucuronidase），ホタル由来のルシフェラーゼ（luciferase），クラゲ由来の GFP（green fluorescence protein）などがある．GUS の場合，基質として X-glucuronide（5-bromo-4-chloro-3-indoyl-β-D-glucuronide）を与えると GUS の酵素活性により青色に着色し，組織内の GUS 活性の局在を容易に検出することができる（図 9.6）．蛍光を発する試薬 MUG（4-methylumbelliferyl-β-D-glucuronide）を用いて GUS 活性の定量を行うことも可能である．ルシフェラーゼの場合は，基質としてルシフェリンを与えると発光する．GFP の場合は，紫外線を照射すると緑色の蛍光を発する．

レポーター遺伝子
発現の検出が容易で，いつどこでどのくらい発現しているかをレポートしてくれる遺伝子をレポーター遺伝子という．

b.　アグロバクテリウム法による植物細胞への遺伝子導入

　植物細胞に遺伝子を導入するためにもっとも一般的に用いられている方法はアグロバクテリウム法である．アグロバクテリウムは，*Agrobacterium tumefaciens* と呼ばれる土壌細菌であり，根頭癌腫病と

T-DNA
両端には，25 bp の反復配列からなる LB と RB と呼ばれる境界配列が存在している．T-DNA には，ノパリンやオクトピンと呼ばれるアミノ酸誘導体の一種を合成する遺伝子も含まれている——例えばノパリン合成酵素（NOS）遺伝子．ノパリンやオクトピンなどは，アグロバクテリウムが栄養源として利用できる．

呼ばれる病気をひきおこすことで知られている．アグロバクテリウムには Ti プラスミド（tumor inducing plasmid）が存在し，LB（left border）と RB（right border）に挟まれた T-DNA（transferred DNA）が植物の染色体 DNA に組み込まれる（図 9.7 の左）．T-DNA 領域にはオーキシン合成酵素遺伝子，サイトカイニン合成酵素遺伝子などが含まれており，これらの遺伝子が植物に組み込まれて発現するために植物細胞が分裂してこぶをつくる．これらの遺伝子を取り除いてしまえばこぶはつくらない．代わりに LB と RB の間（T-DNA 領域）に目的の遺伝子を挿入しておくと，目的の遺伝子が，植物の染色体に組み込まれる．

Ti プラスミドには，宿主の染色体に組み込まれる T-DNA 領域のほかに，T-DNA を宿主染色体に組み込むはたらきをする遺伝子群が存在する vir 領域（virulence region）がある．この両者を別々のプラスミドに分割して用いることが一般的である（図 9.7 の右）．このようにデザインされ，T-DNA をもつベクターをバイナリーベクター（binary vector）という．一方，vir 領域をもつプラスミドをヘルパープラスミド（helper plasmid）と呼ぶ．バイナリーベクターには広宿主域の複製開始点が含まれており，大腸菌とアグロバクテリウムの両方で複製可能である．バイナリーベクターへ外来遺伝子を挿入するときは，取り扱いが容易な大腸菌を用いて行い，その後，外来遺伝子を挿入したバイナリーベクターをヘルパープラスミドをもつアグロバクテリウムに導入する．

市販されているバイナリーベクター pBI121 では，選抜マーカーと

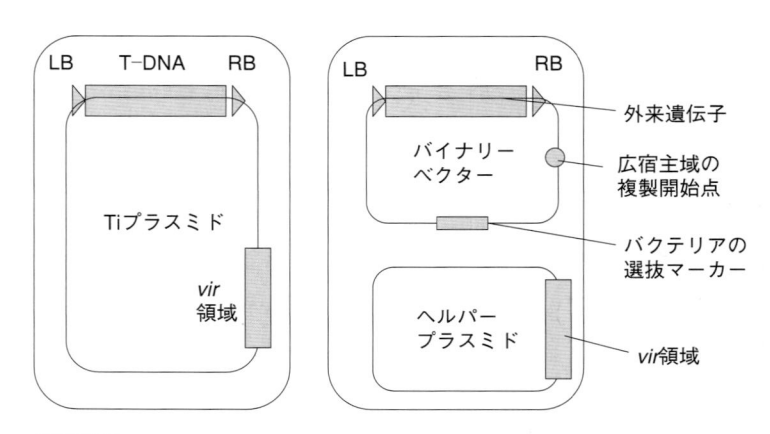

境界配列
LB：TGGCAGGATATATTGTGGTGTAAAC
RB：TGACAGGATATATTGGCGGGTAAAC

図 9.7 Ti プラスミド（左），バイナリーベクター系（右）および T-DNA の境界領域（pBI121 の例）

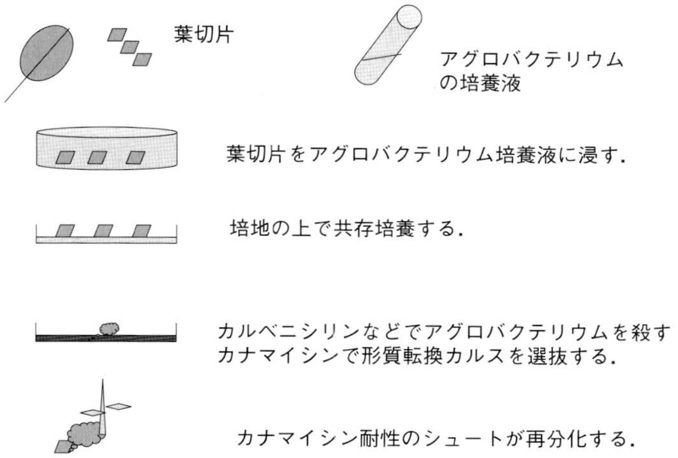

図9.8 アグロバクテリウムを用いたタバコの形質転換法

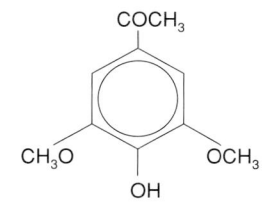

- 葉切片
- アグロバクテリウムの培養液
- 葉切片をアグロバクテリウム培養液に浸す．
- 培地の上で共存培養する．
- カルベニシリンなどでアグロバクテリウムを殺す カナマイシンで形質転換カルスを選抜する．
- カナマイシン耐性のシュートが再分化する．

図9.9 アセトシリンゴン

してノパリン合成酵素のプロモーター（NOS P）にカナマイシン耐性遺伝子（NPTII）とノパリン合成酵素のターミネーター（NOS T）を連結したもの，およびレポーター遺伝子として，カリフラワーモザイクウイルスの35Sプロモーター（CaMV 35S P）にGUS遺伝子とNOS Tを連結したものが含まれている（前出図9.5）．ベクターに含まれる制限酵素サイト *Hind*III，*Bam*HI，*Sac*I，*Eco*RIなどを用いて任意のプロモーターや遺伝子を組み込むことができる．

　アグロバクテリウムを植物組織に感染させるときは，葉切片やカルスなどの植物組織をアグロバクテリウム培養液に浸し，余分な菌液を取り除いた後，2～3日間共存培養（co-culture）を行う（**図9.8**）．この間にアグロバクテリウムが感染する．アグロバクテリウムが感染しにくいイネ科植物などの形質転換を行うときは，*vir*領域の活性化に効果があるアセトシリンゴン（**図9.9**）を添加する．感染後アグロバクテリウムは不要となるので，カルベニシリンやクラフォランなどの抗生物質を用いてアグロバクテリウムを死滅させる．

c. 形質転換した細胞の選抜と植物体再分化

導入した選抜マーカーにあわせて，カナマイシンやハイグロマイシ

ンなどを含む培地で培養することにより，形質転換したカルスを選抜する．カルスから植物体を再分化させると形質転換植物を得ることができる（図9.10）．形質転換植物はGMO（genetically modified organisms），トランスジェニック植物（transgenic plant）とも呼ばれる．

d. パーティクルガン法

組織培養が困難（カルス形成や再分化がおこらない）か，あるいはアグロバクテリウムが感染しない植物の場合，パーティクルガン（particle gun）法が用いられる．パーティクルガン法では直径 1 μm の金粒子にプラスミドDNAを付着させ，高速で植物細胞に撃ち込む（図9.11）．細胞に金粒子が導入されるとDNAが核に入り，染色体に組み込まれる．Bombardment, Biolisticなどとも呼ばれる．パーティクルガン法では，成長点に直接DNAを撃ち込んで形質転換植物を得

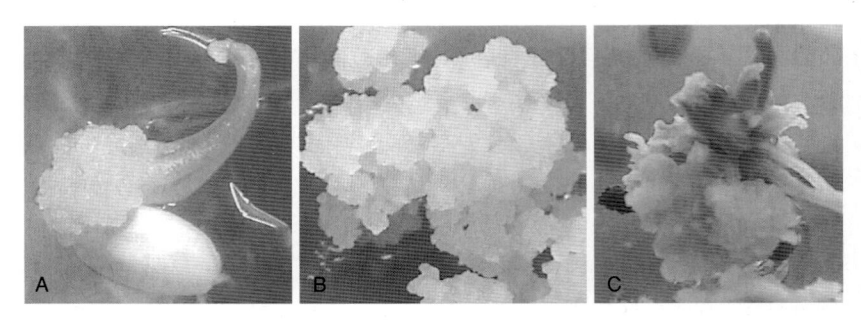

図9.10 イネの胚盤由来のカルス（A）とハイグロマイシンで選抜したカルス（B），および再分化した幼植物（C）

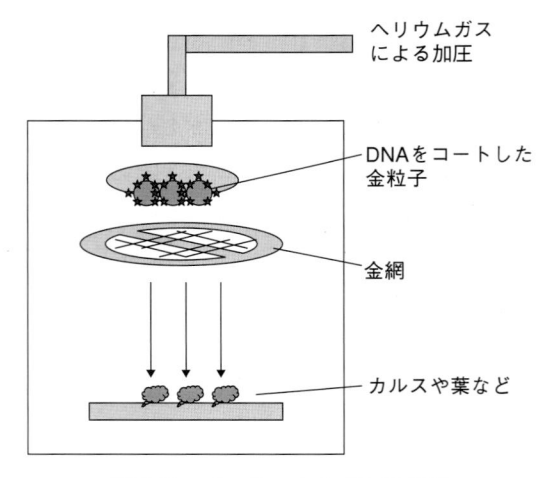

図9.11 パーティクルガンの装置

試作機では金粒子を加速するために火薬が使われたため，パーティクルガンと名づけられた．現在では，ヘリウムガスで加圧する機器が一般的に用いられる．金粒子の減速をさけるために容器の中は1気圧近く減圧する．金網の間から金粒子が飛び出し，細胞に撃ち込まれる．

ることも可能である．例えば，ダイズの形質転換などではこの方法が用いられる．

e. 外来遺伝子の組み込み様式

細胞に組換えDNAの遺伝子導入を行った場合，遺伝子が染色体に組み込まれる前にも転写・翻訳される．この発現は一過性（導入後1～3日間ほど）であり，トランジエント発現（transient expression）と呼ばれる．その後，導入したDNAは染色体に組み込まれる（stable transformation）．植物細胞では相同組換えが困難であり，外来遺伝子は染色体のどこに挿入されるかわからない．通常，相同染色体の一方に挿入されるため，再分化植物は導入遺伝子をヘテロにもつ（図9.12）．自殖してホモ個体を得た後に詳細な解析を行う．

f. 遺伝子組換え実験の実施

遺伝子組換え実験を行う際は，「遺伝子組換え生物等の使用等の規制による生物多様性の確保に関する法律（カルタヘナ議定書）」にしたがう．実験室内で行う場合は第二種使用等に該当し，組換え体が環境中へ拡散することを防止するための措置をとることが義務づけられている．野外圃場での栽培などは第一種使用等とされ，事前に生物多様性影響評価を行う必要がある．

第二種使用
環境中への遺伝子組換え生物などの拡散を防止しつつ行う使用．実験室を用いる使用，培養・発酵設備を用いる使用，網室を用いる使用，密閉容器を用いる使用など．

第一種使用
環境中への遺伝子組換え生物などの拡散を防止しないで行う使用．圃場での栽培，飼料としての利用，食品工場での利用など．

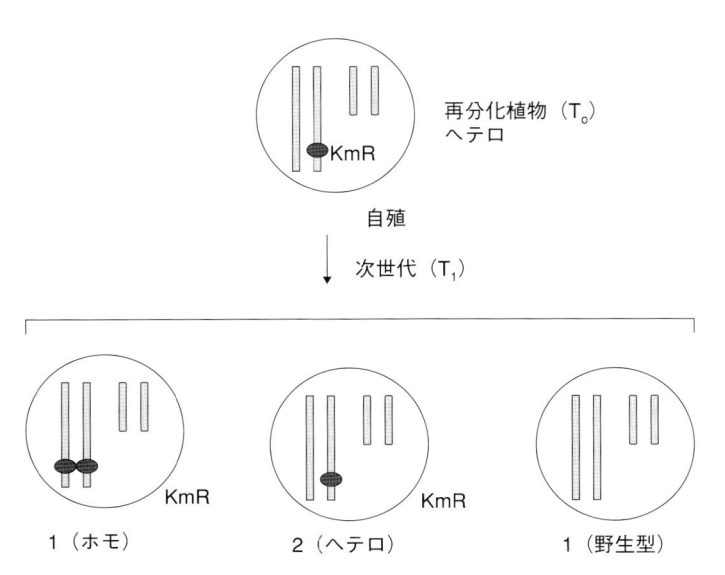

図 9.12 カナマイシン耐性遺伝子（KmR）の遺伝
染色体の1個所に導入された場合，カナマイシン耐性植物と非耐性植物は3：1に分離する．図は1コピー導入された場合だが，複数個所に数コピー導入されることもある．

文　献

1) Toriyama *et al.*（1998）：*FEBS Letters*, **424**：234-238.

■コラム■　世界で広く栽培されている遺伝子組換え作物の例

・**害虫抵抗性作物**：細菌の一種である *Bacillus thuringiensis* は胞子形成期にさまざまな昆虫に対して毒性をもつタンパク質（BT トキシン）をつくる．この菌の出す結晶タンパク質（crystal）は昆虫の腸管で部分分解され，毒素活性をあらわし，そのペプチドが昆虫の中腸上皮細胞の受容体と反応して，消化管に穴をあける．標的昆虫は消化不良となって死に至る．人間を含む哺乳動物には無害である．殺虫活性が異なる BT トキシンの遺伝子がクローニングされており，トウモロコシのアワノメイガ（鱗翅目）に有効な *Cry IA* 遺伝子，ジャガイモのコロラドハムシ（鞘翅目）に有効な *Cry IIIA* 遺伝子などがある．BT トキシンの遺伝子を導入したトウモロコシやワタなどが世界中で栽培されている．

・**除草剤耐性作物**：除草剤ラウンドアップの主成分グリホサート（glyphosate = N-phosphonomethylglycine）は，芳香族アミノ酸（チロシン，フェニルアラニン，トリプトファン）合成に必要な酵素 EPSP（5-enolpyruvylshikimate-3-phosphate synthase）の活性を阻害する．グリホサートで活性を阻害されない変異型 EPSP が，*Salmonella typhimurium* やアグロバクテリウム CP-4 株からクローニングされた．EPSP は葉緑体ではたらくため，細菌由来の EPSP 遺伝子に葉緑体移行シグナルを付加して作物に導入され，ラウンドアップ耐性植物がつくり出された．ラウンドアップ耐性ダイズが世界中で栽培されている．

　除草剤バスタの主成分グルホシネート（ホスフィノトリシン，L-phosphinothricin；PPT）は，グルタミン酸のアナローグでグルタミン合成酵素の活性を阻害し，体内にアンモニアを蓄積させることで植物を枯死させる．除草剤ビアロホス（bialaphos）は PPT と 2 個のアラニン残基からなり，植物体内で PPT となる．*Streptomyces hygroscopicus* から取り出された *bar* 遺伝子は，phosphinothricin acetyltransferase（PAT）活性をもち，PPT を無毒化する．この遺伝子を作物に導入することにより PPT 耐性植物がつくられた．PPT 耐性のナタネなどが広く栽培されている．

10 ゲノム

[キーワード] ゲノム，ゲノムサイズ，ゲノムプロジェクト，DNAマーカー，マップベースクローニング，トランスポゾン，トランスポゾンタギング，逆遺伝学的解析，バイオインフォマティックス

　ゲノム（genome）とは，配偶子に含まれる染色体あるいは遺伝子の全体を呼称する用語として名づけられた．生物の完全な生活機能に必須の最小限度の遺伝子群を含む一組の染色体を意味する．最近では，ゲノムの概念は普遍化され，原核・真核生物の種が有する遺伝情報全体をあらわす用語として使われている．さらに，核のみならず，葉緑体やミトコンドリアに含まれる遺伝物質の全体をも示すようになり，核ゲノム，葉緑体ゲノム，あるいはミトコンドリアゲノムという使われ方もする．この章では，ゲノムサイズとゲノムの塩基配列について学習した後，遺伝子の機能解析の手法として，DNAマーカーを利用したマップベースクローニング，トランスポゾンタギング，逆遺伝学的解析などについて学習する．

10.1 ゲノムサイズ

　ヒトの二倍体ゲノムDNAではおよそ6×10^9塩基対が46個の染色体上に存在する．これらをつなげると，ヒトの1つの細胞核にはおよそ2 mのDNAが収納されていることになる．タンパク質をコードしている遺伝子は20000〜25000個と推定されている．

　ゲノムDNAの量は原核生物から真核生物の間で10万倍以上の範囲で変化するが，ゲノムDNAの量と生物の複雑さの間には正確な相関関係がない．半数体（haploid）ゲノムのDNAの量をC-valueと呼ぶ．C-valueはピコグラム（pg）単位であらわし，1 pgはおよそ10^9塩基対に相当する．

　植物の核ゲノムのサイズも種によって大きく異なっている．代表的な作物や植物以外の生物のゲノムサイズを**表10.1**に示す．

表 10.1　ゲノムの大きさ (Mbp)[1]

作物		作物以外	
イネ	430	大腸菌	4.7
コムギ	17420	出芽酵母	13.4
オオムギ	4870	線虫	100
トウモロコシ	2580	ショウジョウバエ	165
ナタネ	1230	シロイヌナズナ	140
ダイズ	1210	ヒト	3000
トマト	920		
ジャガイモ	1860		

10.2　ゲノムプロジェクト

　1980年代後半からいろいろな生物のゲノムの全塩基配列を決めるゲノムプロジェクトが始まった．

　植物では，2000年にシロイヌナズナ（*Arabidopsis thaliana*）のゲノムが完全解読され，125 Mbpの塩基が並んでおり，25498個の遺伝子があることがわかった．ゲノムの中には多数の重複配列が見られ，シロイヌナズナの場合，重複配列の割合は60％を占める．遺伝子の長さは平均1900 bpであり，また遺伝子の密度は4.5 kbpに1個の遺伝子が存在する割合である．

　イネでは，2004年に品種「日本晴」についてゲノム全体（389 Mbp）の95％の塩基配列が解読された．遺伝子予測プログラムにより予測される遺伝子数は，トランスポゾン（10.6参照）を除くと37544個であった．遺伝子の密度は9.9 kbpに1個の遺伝子が存在する割合である．シロイヌナズナの遺伝子と比べると，イネ遺伝子全体の71％は共通していた．各種トランスポゾンの総存在量はゲノム全体の35％を占めた．核ゲノムの0.38～0.43％はオルガネラゲノムと同一の断片を含み，オルガネラゲノムが核ゲノムに転移していることが示唆された．

10.3　遺伝子の機能解析

　ゲノムの塩基配列が明らかになっても，植物体内での機能が明らかにならないと，遺伝子を有効に利用することはできない．遺伝子の機能解析には突然変異体の解析が重要な役割を果たす．突然変異体を得るには，薬剤処理やγ線によって突然変異をおこす方法と，T-DNAやトランスポゾンなどを導入して突然変異体を得る方法がある．前者

シロイヌナズナ
アブラナ科に分類される野生植物．ゲノムサイズが小さく，染色体数も少ない（$2n = 10$）．また，成長が早く2カ月ほどで1世代が完了する．そのため，植物の基本的な性質を解明する材料として世界中で研究されている．図9.6参照．

は，変異がおこった遺伝子がタグ（標識）されていないために，原因遺伝子をクローニングするためにはマップベースクローニングが必要である．後者の方は，タグを利用して変異の原因遺伝子をクローニングできる．

10.4 マップベースクローニング

突然変異の原因遺伝子をクローニングしたいときには，DNAマーカーの連鎖地図を用いたマップベースクローニング（map-based cloning）が用いられる．

突然変異系統とDNA多型が出やすい系統を交雑する．イネの場合は日本型イネ品種とインド型イネ品種のKasalathを交雑することが多い．F_2などの分離集団を材料として，さまざまなDNAマーカーを用いて多型を解析し，形質と連鎖するDNAマーカーを探し出す（図10.1）．組換え価から連鎖地図を作成する．形質を2個のDNAマーカーで挟み込むことが重要である．次に，挟み込んだ2個のDNAマーカーの間にさらにDNAマーカーを作成し，組換え個体を見つけ出して（スクリーニング），精密連鎖地図を作成する．0.1～1 cM（イネの場合1 cMはおよそ300 kbpに相当する）までつめる．10から50 kbpの間に遺伝子を絞り込むことができたら，BACライブラリーなどを用いて対応するゲノム領域をクローニングし，塩基配列を決定する．

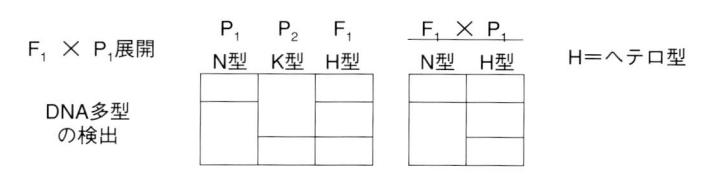

図10.1 マップベースクローニング（その1）
表現型（Rまたはr）と連鎖するDNAマーカーを探す．組換え個体の数から連鎖地図を作成する．分離を簡単にするため$F_1 \times P_1$の場合で例示した．Hはヘテロ型

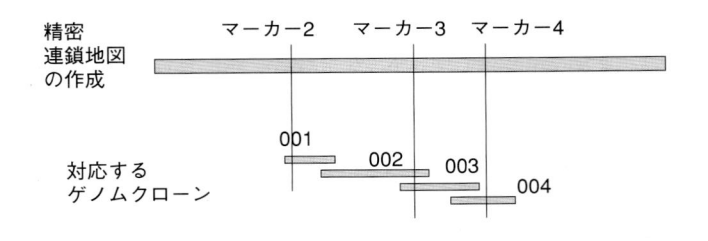

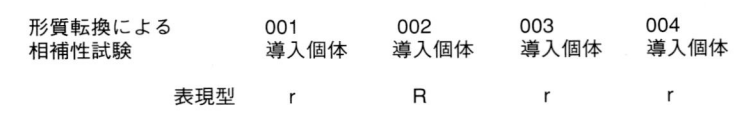

図 10.2 マップベースクローニング（その 2）
ゲノムクローン 002 を用いた形質転換で相補されたので，ゲノムクローン 002 に R 遺伝子が含まれていることがわかる

原品種の候補領域をバイナリーベクターに挿入して突然変異系統に遺伝子導入し，表現型が回復されるか（相補性試験）調査する．表現型が回復されれば，候補遺伝子が原因遺伝子であると証明できる（**図 10.2**）．

このようなマップベースクローニングの手法を用いて，イネにおいては，白葉枯病抵抗性遺伝子 *Xa1*，いもち病抵抗性遺伝子 *Pib*，大黒矮性 *d1*，および出穂期関連の QTL として *Hd1* などがクローニングされている．

10.5 DNA マーカー

DNA 多型を検出するための DNA マーカーには次のようなものがある．

・**RFLP**（restriction fragment length polymorphism）

ゲノム DNA を制限酵素で切断し，cDNA やゲノム断片などのプローブを用いてサザンブロット法で分析を行う．プローブに相同性のある DNA 断片の長さの違いを検出する（**図 10.3**）．

・**SSR**（simple sequence repeat）

AT，GA などの 2 塩基，GAC，CGG などの 3 塩基，あるいは GTAG，GATA などの 4 塩基のようにごく短い配列の反復配列で，マイクロサテライトとも呼ばれる．繰り返しの数が高頻度で異なり，品種間で多型が見られることが多い．SSR の両端に隣接する配列に特異的なプライマーを設計し，ゲノムを鋳型にして PCR を行い，増幅される DNA 断片長を検出する（**図 10.4**）．イネなどでは SSR を検出で

10.5 DNAマーカー

きるようなプライマーのデータベースが存在する．

・**CAPS**（cleaved amplified polymorphic sequence）

ゲノム DNA を鋳型にして，ある特異的なプライマーを用いて PCR を行い，増幅断片を制限酵素で切断して DNA 断片の長さを検出する（図 10.5）．PCR-RFLP とも呼ぶ．

・**AFLP**（amplified fragment length polymorphism）

ゲノム DNA を制限酵素で切断し，アダプターを両端に結合させる．アダプターの塩基配列をもつプライマーを用いて PCR を行うが，そ

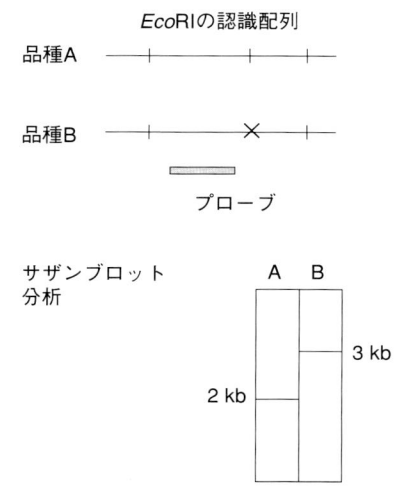

図 10.3 RFLP
品種 B で，制限酵素 *Eco*RI の認識配列のひとつ（×印）が突然変異をおこして切断されなくなった場合，DNA 断片の大きさが品種 A とは異なってくる．

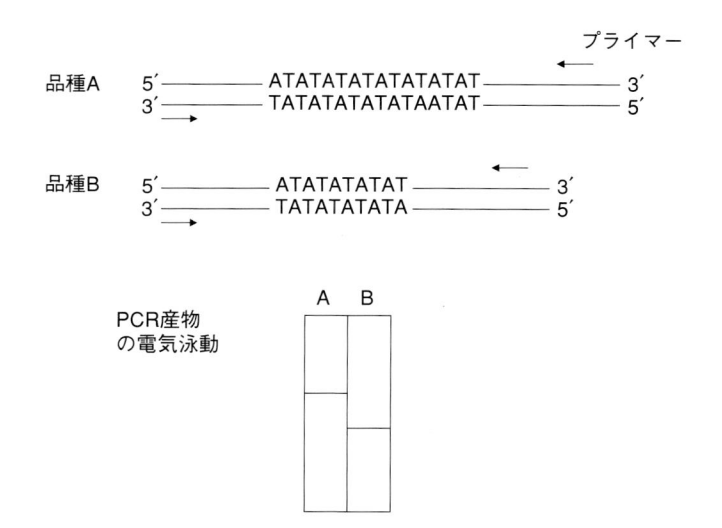

図 10.4 SSR
反復配列の繰り返しの数（品種 A は 8 回，品種 B は 5 回）の違いを検出する．

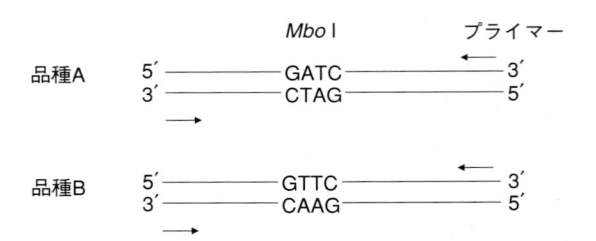

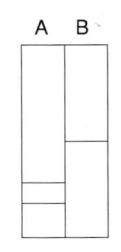

図 10.5 CAPS
品種 A は *Mbo* I で切断されるが品種 B では切断されない.

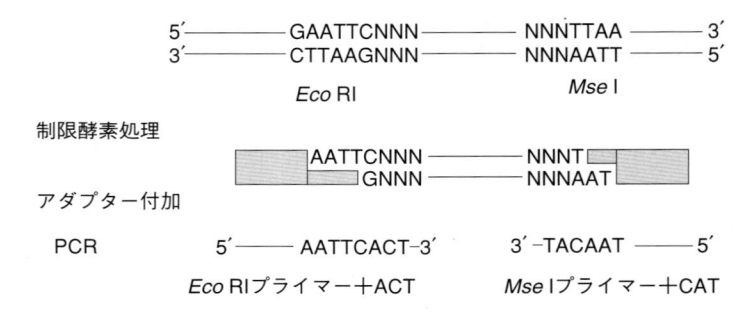

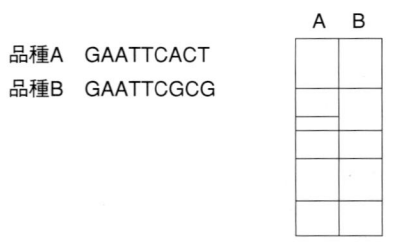

図 10.6 AFLP
制限酵素認識配列の隣の塩基配列がプライマーに相補的であれば PCR で増幅されるが（品種 A），異なれば増幅されない（品種 B）.

の際，プライマーの 3′ 側に 1 から 3 塩基の配列を付加しておき，PCR で増幅される DNA を限定しておく（**図 10.6**）．

その他に，一塩基多型（single nucleotide polymorphism；SNP）を検出するためのさまざまな解析方法が考案されており，DNA マーカーとして利用できる．DNA マーカーは，マーカー選抜育種や品種

判別にも利用される．

10.6 トランスポゾンタギング

トランスポゾン（transposon）とは染色体上の決まった位置に固定されない転移性遺伝因子で，ゲノム上のある部分から他の部位に転移する．トランスポゾンが転移することによって，DNAの挿入により不活性化されていた遺伝子の活性化や，新たに挿入した部位の遺伝子の不活性化がおこり，発現パターンが変化することがある（図10.7）．

トランスポゾンにはDNA型とレトロ型の2種類があり，転移様式が異なる（図10.8）．

DNA型トランスポゾンは，それ自身がゲノムから切り出されて，ゲノム中の他の部位に挿入される．DNA型トランスポゾンとしては，トウモロコシの*Ac/Ds*（Activator/Dissociation），*Spm/dSpm*（Supressor-mutator/defective Supressor-mutator），*Mu*（Mutator），キンギョソウの*Tam*などがあげられる．

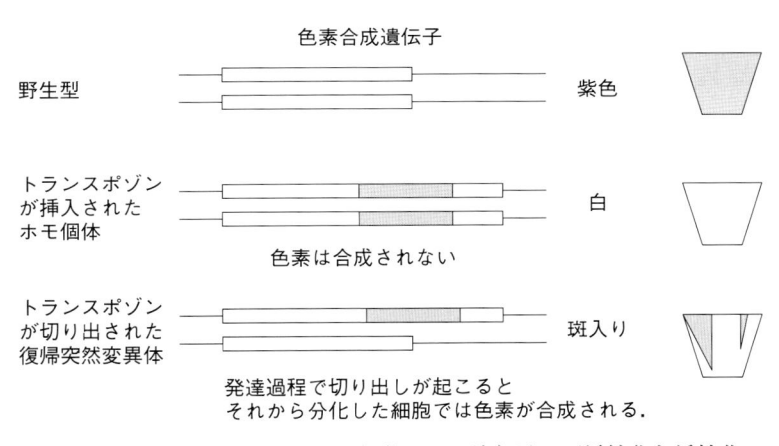

図 10.7（a） トランスポゾンの転移による遺伝子の不活性化と活性化

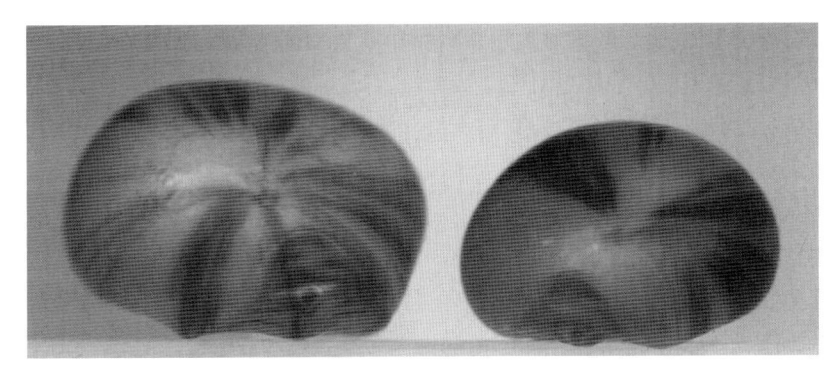

図 10.7（b） トウモロコシの穀粒に見られるトランスポゾン切り出しによる斑入り

一方，レトロ型は，トランスポゾンが転写と逆転写を介して複製され，ゲノム中の他の部位に挿入されるという転移様式をとる．そのため，レトロ型トランスポゾンは転移ごとにコピー数が増大する．レトロ型では，一度挿入したトランスポゾンは再び切り出されることがないため，DNA型トランスポゾンに比べて安定した変異をひきおこす．

トランスポゾンが特定の遺伝子に挿入されると，その遺伝子の機能欠損（遺伝子破壊）をひきおこすので，表現型の変化から遺伝子の機能を推定することができる．さらに，その植物のゲノムを鋳型とし，TAIL-PCRなどの手法を用いてトランスポゾンの隣接領域をクローニングすることができる（図10.9）．

TAIL-PCR
既知の塩基配列にもとづくプライマー（3種類の特異的プライマー）と任意のプライマーを用いてPCRを行い，既知配列の隣接領域をPCRで増幅する方法．隣接領域をクローニングする手法として，その他に Inverse PCR 法や Suppression PCR 法などがある．

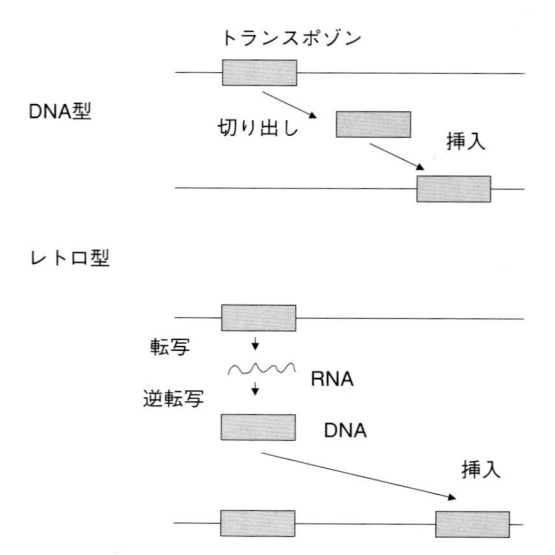

図10.8 DNA型トランスポゾンとレトロトランスポゾンの転移様式

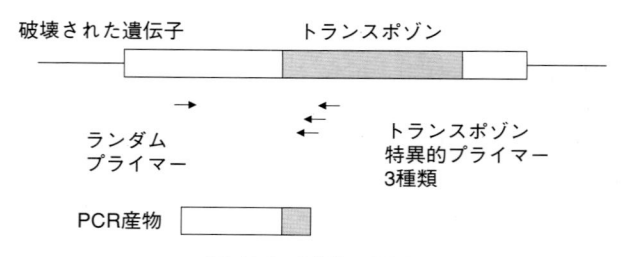

図10.9 TAIL-PCR
トランスポゾンに含まれる既知の塩基配列にもとづくプライマー（3種類の特異的プライマー）と任意のプライマーを用いてPCRを行い，隣接領域をPCRで増幅する．

10.7 Ac/Ds系を用いたトランスポゾンタギング

外来性のトランスポゾンを用いた系にはAc/Dsを利用したものが多い．Acはトウモロコシの自律性トランスポゾンで，転移に必要な転移酵素（Acトランスポゼース）と逆反復配列（IR）の両方をもち，単独で転移が可能である（図10.10）一方，Dsは欠失をもつ非自律性トランスポゾンで，Ac転移酵素の非存在下では転移できない．Dsを導入したトランスジェニック個体とAc転移酵素を導入した個体とを交雑することによって，Dsがトランスに活性化されて転移し，さまざまな遺伝子座にDsをもつ植物が得られる（図10.11）．タギングに利用するDs内部に抗生物質耐性遺伝子などを組み込んでおくことで，Dsが転移した個体を簡単に同定できるように工夫されている．

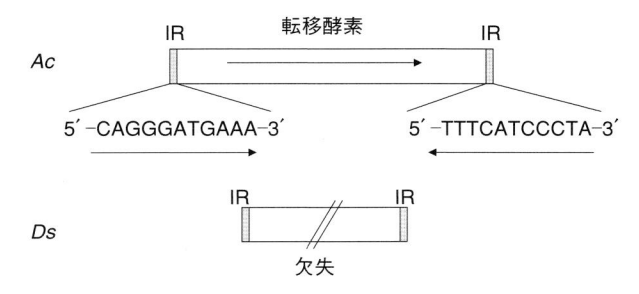

図10.10 トウモロコシのAc/Dsトランスポゾンの構造

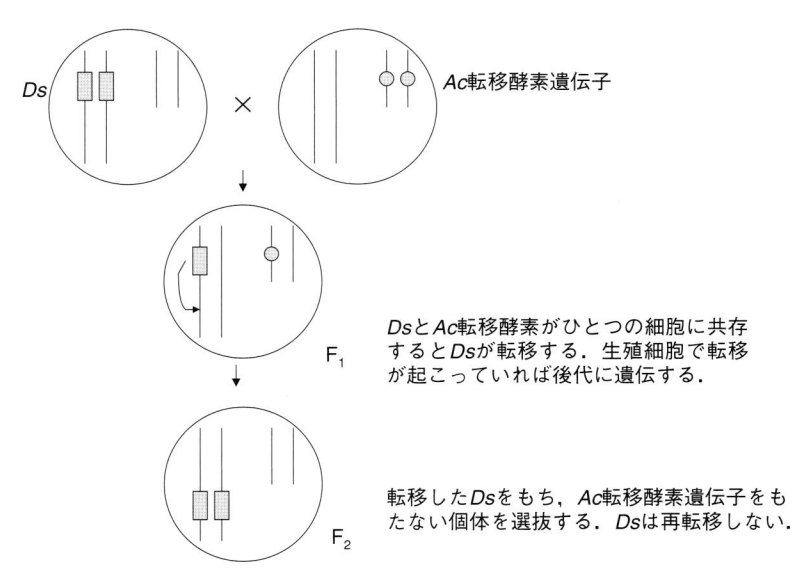

図10.11 Ac/Dsを用いたトランスポゾンタギング

10.8 逆遺伝学的解析

DNA配列情報から特定したある遺伝子について，機能を推定する次のような研究手法を逆遺伝学的解析（reverse genetics）という．塩基配列を決定し，DDBJなどのDNAデータベースを用いて相同性検索を行い，類似した配列をもち機能が既知の遺伝子から類推する．多数のT-DNAタグラインあるいはトランスポゾンタグラインの集団について，PCRスクリーニングを行って目的の遺伝子が破壊された遺伝子破壊系統（ノックアウトライン）を探し出し，その表現型から遺伝子の機能を推定する（図10.12）．

イネにおいては，レトロトランスポゾンの Tos17 によるタグラインが大規模につくられている．Tos17 は日本晴ゲノム中には2コピー存在し，通常転移しないが，組織培養により転移する．組織培養によって Tos17 の転移を誘導した変異集団をミュータントパネルと呼んでいる．このミュータントパネルでは，新たに転移した Tos17 のコピー数が平均5コピー程度になっている．現在5万系統作成され，5割程度の確率で遺伝子破壊系統が見つかるとされている．挿入された遺伝子データベースも整備され，2万を超える Tos17 挿入位置情報が登録されている．しかし，Tos17 の挿入部位に偏りがあるので，イネの全遺伝子を網羅する遺伝子破壊系統を得るためには，T-DNAや他のトランスポゾンを用いた遺伝子破壊系統も必要である．

遺伝子破壊系統が見つからない場合は，アンチセンス法やRNAi法（図10.13）を用いて発現を抑制した個体を作出し，表現型の変化を観

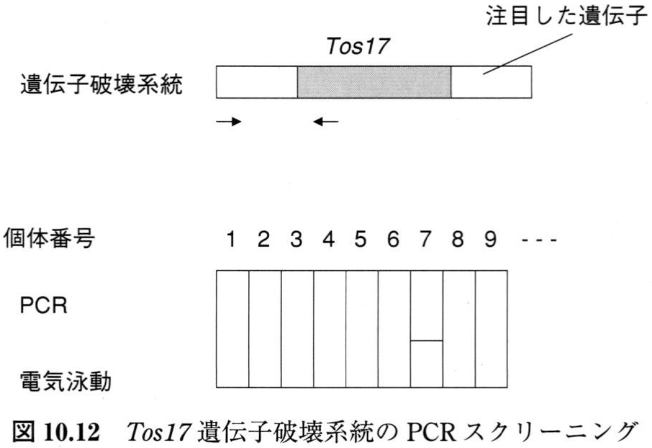

PCRスクリーニング
タグラインの集団からDNAを抽出し，T-DNAあるいはトランスポゾンの既知配列に由来するプライマーと調べたい遺伝子特異的なプライマーを用いてPCRを行い，増幅が見られる系統を探し出す．DNAは三次元プールにすることが多い．

図10.12 Tos17 遺伝子破壊系統のPCRスクリーニング
タグラインの数千系統について，注目した遺伝子特異的プライマーと Tos17 特異的プライマーを用いてPCRを行い，増幅が見られる個体を探し出す．探し出した個体（No.7）の表現型を評価して遺伝子の機能を推定する．

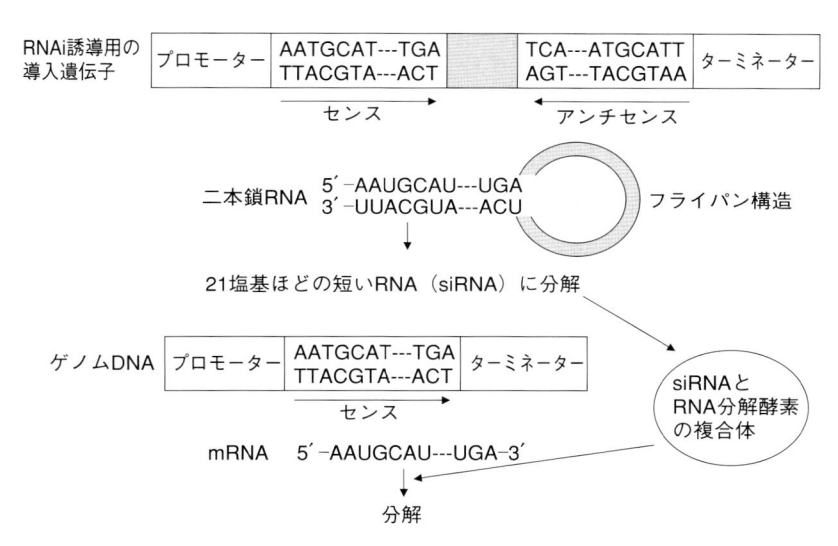

図 10.13 RNAi による mRNA の分解（転写後ジーンサイレンシング）
人工的に特定の配列の二本鎖 RNA を過剰発現させると，RNA 分解酵素により 21 塩基ほどの短い RNA（small interfering RNA；siRNA）に分解され，siRNA と RNA 分解酵素の複合体が siRNA に相同な配列をもつ mRNA の分解をひきおこす．

RNAi（RNA interference）
人工的に特定の配列の二本鎖 RNA を過剰発現させると，RNA 分解酵素により 21 塩基ほどの短い RNA（small interfering RNA；siRNA）に分解され，siRNA と RNA 分解酵素の複合体が，siRNA に相同な配列をもつ mRNA の分解をひきおこす．アンチセンス法で mRNA に相補的な RNA を発現させた場合も RNAi がおきる．もともと植物ウイルスの感染防御機構として働いていると考えられる．

察して遺伝子の機能を推定する．また，過剰発現させた形質転換体を作出して遺伝子の機能を推定する場合もある．

10.9 バイオインフォマティックス

生物を DNA 情報のあらゆる面から研究する分野をバイオインフォマティックス（生物情報学）と呼ぶ．コンピューターを駆使し，ゲノム解析から得られた膨大な情報を整理してデータベースを構築して利用する．

イネの塩基配列決定に関するデータベースが The Rice Genome Research Program（RGP：http://rgp.dna.affrc.go.jp/index.html）に公開されている．ここでは，日本晴の遺伝地図・物理地図とともに，塩基配列とそのアノテーション情報，DNA マーカーの位置情報などが掲載されている．

その他に *Tos17* のミュータントパネルデータベース，イネ完全長 cDNA データベース（KOME），マイクロアレイを用いたイネ遺伝子発現解析研究に関するデータベース（RED）などが利用できる．

また，イネゲノム研究プロジェクトに関するリソースは Rice Genome Resource Center から公開されている．

ゲノム情報を用いた応用研究をひろく示す言葉として「ポストゲノ

アノテーション
BLASTN や BLASTX などの類似性検索の結果，遺伝子予測，エキソン／イントロン予測などの情報を付加した機能注釈．

リソース
研究者が共有できる研究材料一般．品種などの遺伝子源や突然変異系統，染色体置換系統，ゲノムライブラリーや cDNA などを含む．

ム」が用いられる．

文　献

1) 日向康吉ほか（2000）：植物育種学　第3版, p.47, 文永堂出版.

■コラム■　エンドウの形質

　メンデルの実験で使われたエンドウの形質をDNAレベルで見ると，

しわ豆形質：しわ豆は丸豆（野生型）に対して劣性遺伝する．しわ豆の原因遺伝子は，澱粉枝付け酵素にトランスポゾンが挿入され不活性化したものである．これがホモ接合体になると，種子登熟前半にアミロペクチンの合成がおこらず，澱粉合成の前駆体であるスクロースが蓄積する．蓄積したスクロースは浸透圧効果のために膨潤するが，完熟するとその分収縮してしわがよる．

矮性形質：エンドウの矮性形質の原因はジベレリン合成系酵素をコードする遺伝子の変異による．ジベレリン-3-ベータハイドラーゼの遺伝子内にフレームシフトやナンセンス変異が生じ，酵素活性がなくなったため，活性型のジベレリンが合成されずに矮性を示す．

⑪ 細 胞 遺 伝 学

〔キーワード〕 細胞遺伝学，染色体と核型，倍数性，染色体の変異，半数体，FISH法

細胞遺伝学（cytogenetics）は遺伝学（genetics）と細胞学（cytology）が合わさった学問分野で，遺伝的な現象を染色体の構造や行動といった細胞学的な実体に結びつけて研究する分野である．細胞遺伝学の誕生は，メンデルの遺伝の法則の再発見の直後にまでさかのぼる（Sutton, 1903）．特に，日本人の研究者は1世紀にもわたる細胞遺伝学の歴史で大きな貢献をしてきている．

細胞遺伝学は，核型分析やゲノム分析といった生物学における基本的な技術を生みだし，生命科学の基礎的分野のみならず医学や農学などの応用分野においてもその成果が利用されている．

11.1 染色体と核型

a. 染色体の形態

染色体はそれぞれの種に固有の数や形態をもっているが，その大きさは細胞分裂期の時期によって大きく異なる．体細胞分裂中期の染色体がもっとも観察しやすく，大きさも比較的安定しているので，この時期のものが核型分析に用いられる．しかし，イネなどの小型の染色体の場合，中期では凝縮しすぎて各染色体の区別が困難であるので，前中期の長く伸びた染色体を分析に用いる．

体細胞の染色体数は $2n$ であらわされ，$2n$ 個の染色体をもつ個体は全数体と呼ばれる．卵細胞や花粉（精子）細胞などの配偶体はその半分の n 個の染色体をもつので，半数体または一倍体と呼ばれる．

核を構成する一組の染色体について形態と数であらわしたものを核型（karyotype）という．これを模式図であらわしたものをイデオグラム（ideogram）と呼び，動原体の位置，腕比，付随体や第二次狭窄の有無などの情報が得られる．動原体の場所は第一次狭窄ともいわ

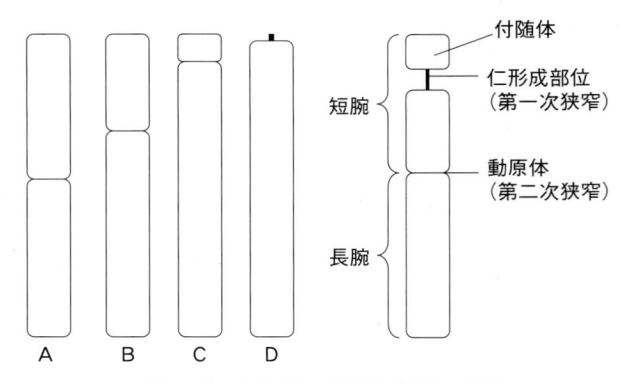

図11.1 染色体の形態と各部の名称
A：中部，B：次中部，C：次端部，D：端部

れ，そのくびれの位置により中部（metacentric），次中部（submeta-centric），次端部（acrocentric），端部（telocentric）の名称が染色体に用いられる（**図11.1**）．第二次狭窄にはリボソームRNA遺伝子のクラスターが存在し，核小体の形成に関与する部分であるので，仁形成部位（nucleolus organizing region；NOR）と呼ばれている．また染色体の形や大きさにもとづいて，V（大型中部），J（次端部），v（小型中部），i（端部）とあらわす場合もある．染色体の短腕部と長腕部は，それぞれ植物ではS（short arm）とL（long arm）の符号であらわすが，動物ではp（petit）とq（queue）であらわすことが多い．

b. 性染色体

雌雄異株の植物において，雌株または雄株で染色体の形態が異なる場合がある．この染色体を性染色体（sex chromosome）と呼び，両方の株で共通に見られる常染色体（autosome）と区別する．雌株に同じ染色体を2本もち，雄株にこの染色体1本と別の染色体をもつとき，両方に共通して存在する染色体をX染色体，雄だけに存在する染色体をY染色体という．このような性染色体型をXY型と呼び，雌株はXXの同型，雄株はXYの異型であらわされる．

c. 核型分析

染色体を大きさの順に並べたり，形態や染め分けによってグループ分けすることによって，染色体型を同定したり，染色体異常を発見することができる．また，植物間で核型を比較することによって，類縁関係や系統分化を調べることができる．このような分析を核型分析（karyotype analysis）という．

ヘテロクロマチン部分を染色するいろいろな染色体分染技術が開発

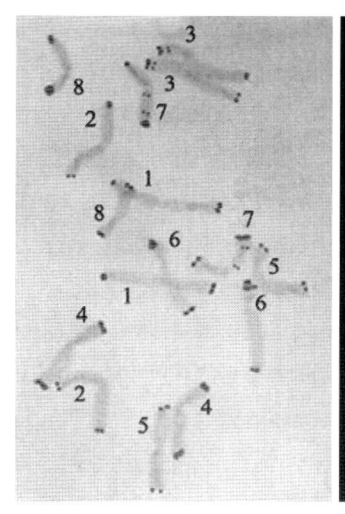

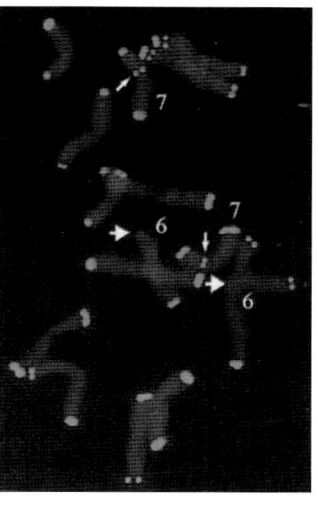

図 11.2 タマネギ（2n = 16）の染色体写真（文献 1 より転載）．C バンド（左）と FISH 法（11.5 a 参照）による反復配列 DNA（右）の検出．矢印は C バンドと対応しない反復配列．

され，染色体に濃淡の縞模様をつけることができるようになった（**図 11.2**）．前処理の方法や使用する色素の種類を変えることにより，さまざまなタイプのバーコード様のバンドを出すことができる．C バンド，G バンド，N バンド，Q バンドなどと呼ばれている．

　トウモロコシでは，古くから減数分裂第一分裂前期のパキテン期の染色体を用いて核型分析が行われ，パキテン分析と呼ばれている．ヘテロクロマチンやノブ（染色体のこぶ）などを目印にして染色体の構造変化を観察するのに適しており，特に染色体対合を利用して転座，逆位，欠失などの染色体の構造変異を検出するのに優れている．イネやシロイヌナズナなどの染色体が非常に小さいものに対して，この分析方法は威力を発揮する．

11.2 倍　数　性

　生物の細胞や個体において，基本数（1 つの分類群に属する種の単相 n のうち，最小の染色体数）の整数倍の染色体をもつ場合がしばしばある．このように染色体数において倍数関係が見られることを倍数性と呼ぶ．基本数の 2 倍またはゲノム 2 つ分の染色体をもっている個体を二倍体といい，それより多くのゲノムをもつ個体を倍数体という．倍数体において，同種の同じゲノム（仮に A とする）を重複してもつ場合を同質倍数体（例：ゲノム式 = AAAA）と呼び，異種の異なるゲノム（A および B とする）をもつ場合を異質倍数体（例：ゲ

ヘテロクロマチン
強く凝縮して RNA 合成を活発に行っていないクロマチン．異質染色質ともいわれる．間期細胞で染色液によって強く染まり，種ごとにその部位が一定しているので核型分析に利用される．逆に間期で RNA 合成が行われるクロマチンはユークロマチン（真正染色質）といわれ，染色液で薄く染まる．

ノム式 = AABB）と呼ぶ．

　倍数体は，動物では魚類の一部で見られるぐらいで非常にまれであるが，植物では半分以上が倍数体であるといわれている．特に，イネ科植物では倍数体の種が 70 % 以上を占める．ユリ科植物のあるグループでは二倍体から二十倍体まで存在する．

　倍数体の判定方法で一番確実な方法は，根端分裂組織の体細胞分裂や花粉母細胞の減数分裂で染色体数を確認することであるが，他の細胞や花粉で判定できる場合もある．例えば，倍数体では気孔が大きくなり，孔辺細胞の葉緑体の数が増加する．花粉粒も大きくなり，種子稔性は下がることがあるが，種子は大きくなる．

a. 同質倍数体

　同質三倍体は，一般的に高い不稔性を示すが，葉，茎，花などの器官の発育は二倍体と比べて旺盛な場合があり，我々にとって利用価値の高いものが多く知られている．バナナやヒガンバナは同質三倍体の例としてよく知られているが，チューリップやヒヤシンスの園芸品種の一部にも同質三倍体が見られる．同質四倍体としてはジャガイモ，同質六倍体としてはサツマイモが有名である．

b. 異質倍数体

　異なるゲノムをもつ倍数体を異質倍数体と呼び，高等植物において多くの倍数体がこれにあてはまる（表 11.1）．ゲノムの異なる 2 種類の植物が雑種を形成した場合，減数分裂第一分裂中期において染色体の対合ができないため，不稔になる．この雑種において染色体が倍化

表 11.1　異質倍数体植物とその祖先種

異質倍数体植物	染色体数	祖先種	染色体数
異質四倍体			
マカロニコムギ（*Triticum durum*）	28	*Triticum urartu*	14
		Aegilops speltoides	14
タバコ（*Nicotiana tabacum*）	48	*Nicotiana sylvestris*	24
		Nicotiana tomentosiformis	24
コーヒー（*Coffea arabica*）	44	*Coffea eugenioides*	22
		Coffea congensis	22
ピーナッツ（*Arachis hypogaea*）	40	*Arachis villosa*	20
		Arachis ipaensis	20
シコクビエ（*Eleusine coracana*）	36	*Eleusine indica*	18
		Eleusine floccifolia	18
異質六倍体			
パンコムギ（*Triticum aestivum*）	42	マカロニコムギ（*Triticum durum*）	28
		タルホコムギ（*Aegilops squarrosa*）	14

されれば，各ゲノムの染色体は対合する相手をもち，正常に減数分裂が進み，正常な配偶子ができる．この配偶子が受精してできた植物はそれぞれのゲノムを倍加させたことになるので，その個体は複二倍体と呼ばれる．このような現象を異質倍数化と呼ぶ．異質倍数化によれば，同一細胞に異なるゲノムをもつことになり，遺伝子の情報を飛躍的に増やせる．さらにそれだけでなく，倍になった同じ遺伝子の片方が突然変異により新しい機能をもつようになることもできる．このような異質倍数化は，植物の進化において非常にダイナミックなものであるといえる．植物は，環境が変化しても動物のように移動することができないので，ゲノムの情報の多様性を増やすことにより，環境に対する適応性を広げていると推測される．

c. 人為倍数体

植物の倍数化は，自然界においてごくまれに起こるものであったが，コルヒチンの発見によって人為的におこすことができるようになった．コルヒチンはユリ科のイヌサフランから抽出されたアルカロイド系の物質で，染色体倍加剤として広く使われている．二倍体植物の根や茎頂の成長点の分裂細胞にコルヒチンを処理すると，細胞分裂期において紡錘糸が形成されずに染色体は短縮してX状の形態のまま分裂せずにそのまま間期に入り，四倍性の核になる．このようにして，もとの細胞の倍の染色体をもった同質四倍体ができる．

タネナシスイカ（図 11.3）　ふつうのスイカは二倍体で $2x = 22$ の染色体数をもつ．この二倍体にコルヒチンを処理して四倍体

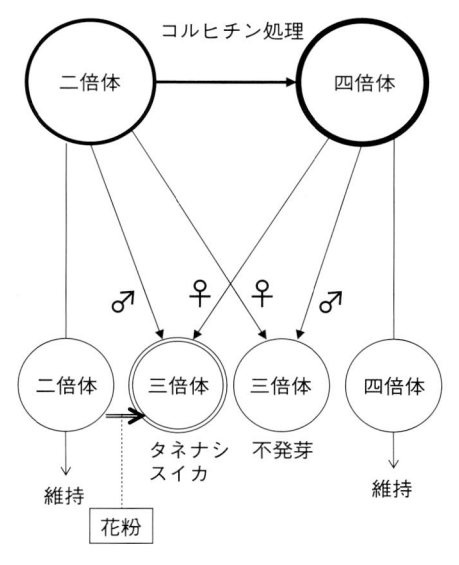

図 11.3　タネナシスイカのつくり方

三価染色体
減数分裂第一分裂において，3本の相同（または部分相同）染色体がさまざまな形でつながっている状態の染色体．

($4x = 44$) をつくり，通常の二倍体の花粉（$x = 11$）を四倍体の雌ずい（$2x = 22$）にかけると三倍体（$3x = 33$）の種子ができる．これをまけば三倍体のスイカになる．この植物は，11個の三価染色体を形成して正常な減数分裂を行うことができず，不稔になり，種子ができない．三倍体のスイカは一代限りであるので，自家受粉で維持した四倍体と二倍体を毎年交雑して種子をつくる必要がある．花粉による受粉が果実を大きくすると考えられているので，三倍体に二倍体の正常花粉がかかるようにしておかなければならない．

異なるゲノムをもつ2種類の植物を交雑して雑種をつくると，両親のゲノムをそれぞれ1つずつしかもたないので，この雑種 F_1 はふつう不稔となる．雑種 F_1 の幼植物にコルヒチンを処理すると，それぞれのゲノムが倍加して複二倍体が得られる．こうして得られた複二倍体は稔性をもち，子孫を残すことができ，このようにして新しい植物が作出される．

ライコムギ　ライコムギは，パンコムギの代替作物を育成しようとして，コムギと属の異なるライムギとを掛け合わせたつくった複二倍体である．人類が最初につくった実用的な新作物であり，コムギの高収量性とライムギの長所（低温，乾燥，酸性土壌に耐性）を兼ね備えている．初期の頃のライコムギは，染色体が不安定であることや，しわの種子が多いなどの欠点があったが，六倍性ライコムギ（$2n = 42$, AABBRR）の中には優良な系統が育成されている．これらの系統の染色体を調べてみると，パンコムギのDゲノムの染色体がしばしば見つかるので，育成の過程でパンコムギと自然交雑した可能性が考えられる．

11.3　染色体の変異

染色体の変異には，染色体の構造変化によるものと，染色体数の過不足によるものがある．染色体の変異は，放射線や化学物質などの突然変異原処理，雑種形成による異種ゲノムの不調和，遺伝子，加齢，各種ストレス，培養に起因するものなどによりおこる．顕微鏡で可視化できる染色体レベルの変異を染色体突然変異と呼び，DNAレベルの遺伝子突然変異と区別する．

ド・フリース（de Vries）は，オオマツヨイグサを栽培することによって変わりものをいくつか見出し，これらの形質が遺伝することを確かめ，突然変異説を唱えた．彼の観察した突然変異のうち，遺伝子突然変異と考えられるものは少なく，多くは染色体突然変異であった

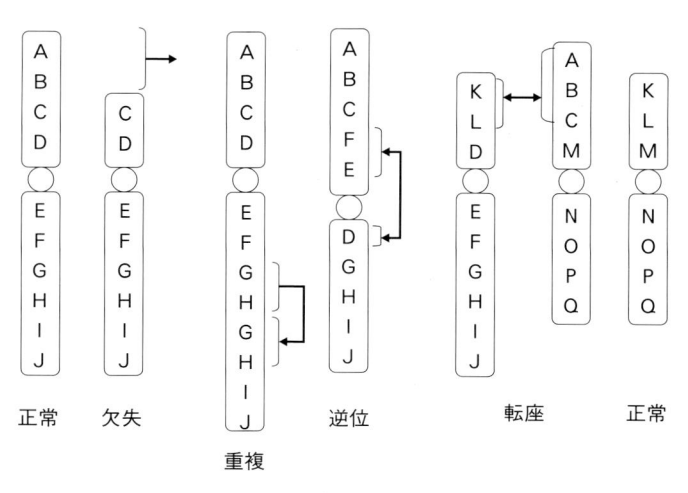

図11.4　染色体の構造変異

ことが，後の研究で明らかになった．

a. 構造変異

染色体突然変異によって生じた構造変異には，欠失（染色体の一部が切れて欠けてしまった場合），重複（染色体の一部が繰り返して増えた場合），逆位（染色体の一部が切れて逆につき遺伝子の順序が逆転する場合），転座（染色体の一部が他の染色体に移動または2本の染色体間で部分交換した場合）などがある（**図11.4**）．

b. 異数体

染色体数が正常のものと比べて1〜2個多いか，または少ない $2n±1$, $2n±2$ に変異したものがしばしば見られる．これを異数性といい，このような染色体をもつ個体を異数体という（**図11.5**）．

異数体は自然界で偶然見つかることもあるが，植物においては実験的につくることができ，その構成ゲノムのすべての染色体についてのセット（異数体シリーズ）がそろっているものがある．異数体シリーズは染色体を利用した遺伝子分析や新系統の育成に大きく貢献してきた．

Blakeslee は，ヨウシュチョウセンアサガオにおいて通常の染色体に加えて1本余分にもつ三染色体植物（トリソミックス）を発見し，この植物のトリソミックシリーズを完成させた．その後，イネ，ライムギ，オオムギ，トマトなどの二倍体植物でトリソミックシリーズがつくられ，遺伝子やDNAマーカーの座乗染色体の決定に役立った．例えば，イネ（$2n = 24$）では12種類のトリソミックスが存在する．

正常	ナリテトラソミックス
トリソミックス	ダイテロソミックス
テトラソミックス	半数体
モノソミックス	同質三倍体
ナリソミックス	同質四倍体

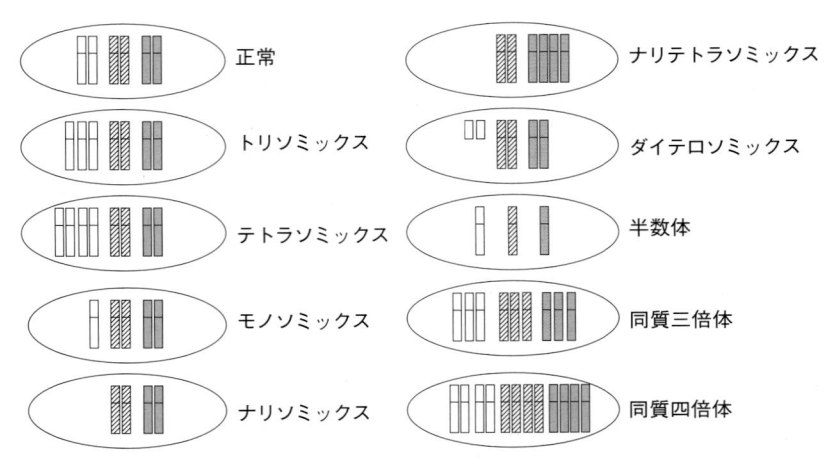

図 11.5 倍数体と異数体の名称

　一方，異質倍数性植物は染色体の欠失に耐えることができ，一対の染色体のうちの1本あるいは2本欠けた低異数体が生存でき，それぞれ一染色体植物（モノソミックス），零染色体植物（ナリソミックス）と呼ばれている．Sears はパンコムギのモノソミックスやナリソミックスに加えてテロソミックス（片腕だけ一対欠く）やナリテトラソミックスなどの異数体シリーズを完成させた．これらの材料は，コムギの遺伝学を細胞および分子レベルに発展させる基礎となった．エンバクやタバコでもモノソミックシリーズが育成されている．

　ナリテトラソミックス　パンコムギにおいて，A, B, D の各ゲノムの祖先型ゲノムの同一染色体から由来した染色体（例えば 1A, 1B, 1D の各染色体）は，同祖染色体と呼ばれる．1A 染色体を2本とも欠くが，そのかわりに 1B または 1D 染色体をさらに2本余分にもつナリテトラソミックス（ナリ 1A テトラ 1B またはナリ 1A テトラ 1D）では，欠失した染色体の機能は重複している染色体によって補償されるので，ナリソミックスに比べてほぼ正常な形質をもつ植物となる．また，ナリテトラソミックスを使うことによって欠失染色体上にある遺伝子や DNA マーカーの同定をすることができる．

c.　染色体添加系統

　異種ゲノムの特定の染色体を入れた植物を染色体添加系統という．コムギでは，オオムギやライムギあるいは他のコムギ連に所属する野生植物から病虫害抵抗性などの遺伝子を含む染色体を導入するために，多くの系統がつくられた．またイネでも，アフリカ原産の野生種 *Oryza punctata* から染色体を1本ずつ入れた異種一染色体添加系統のシリーズが完成している．園芸植物ではネギにおいて，8種類のタマ

連
科と属の間に入る分類群の名のひとつで，族ともいう．

ネギ（シャロット）の染色体をもつ一染色体添加系統のシリーズが育成されている．

11.4 半　数　体

　正常個体の半数の染色体しかもたないものを半数体または単相体（haploid）という．半数体は配偶子と等しい染色体数をもち，二倍体ではゲノム1つ分の染色体をもつ．倍数体の場合の半数体は倍数性半数体と呼び，複数のゲノムをもつ（**図 11.6**）．

　半数体は育種において非常に有用であるので，多くの研究者は半数体の発見とその人為的な作出に努めてきた．半数体が自然に出現する頻度はきわめて低いが，人為的処理によってその出現頻度を高めることができる．その主なものには，種属間交雑，遅延受粉，放射線照射，化学薬品処理，温度処理，核細胞質相互作用の利用などである．大量に半数体を得るには，葯あるいは花粉培養による方法が確実である．またコムギでは，野生オオムギ（*Hordeum bulbosum*），トウモロコシ，ソルガム，チガヤなどと交雑することにより，高い頻度で半数体を得ることができる．コムギの雌性配偶体（胚のう）と花粉親植物の雄性配偶体（花粉）との間で受精し雑種が形成されるが，胚発生の初期に花粉親由来の染色体が選択的に消失していくことで，コムギの染色体のみが残り，結果的に半数体となる．交雑後の子房の発達や胚の成長にはジベレリンや 2,4-D などの植物ホルモンの処理が必要である．

図 11.6　コムギの半数体と染色体の写真
植物体と穂のそれぞれ右側が半数体で，その体細胞分裂中期（上）と減数分裂第一分裂中期（下）の染色体像を示す．

上記の方法で得られた半数体をコルヒチン処理することで，染色体を倍加させた全数体を得ることができる．この倍加個体を doubled haploid と呼ぶ．この方法で作出された系統を DH 系統という．育種において，遺伝的な純系を得るには長い年月を必要としてきたが，DH 系統では形質を短時間で遺伝的に固定できるので，育種の効率化を図ることができる．半数体自体も，突然変異の検出，遺伝子分析，染色体対合によるゲノム構成の推定，異数体の作成など，遺伝学や細胞学の研究分野に有用である．

11.5　分子細胞遺伝学の発展

　従来の核型や減数分裂時の染色体対合にもとづく細胞遺伝学は，分子生物学的手法を取り入れることによって DNA と結びつけることができるようになった．染色体やゲノムの構成や機能を DNA レベルで調べることが可能になり，分子細胞遺伝学という新しい分野が誕生した．その成果は，ゲノム分析や染色体マッピングなどの基礎的な分野のみならず，育種などの応用分野にまで及びつつある．

a.　FISH 法による染色体マッピング

　1969 年に Gall と Pardue によって開発された *in situ* ハイブリダイゼーション（ISH）法は，細胞組織標本上の DNA に対して，クローン化した DNA（プローブといい，検出するために放射性同位元素やビオチンで標識されている）を直接分子交雑（ハイブリダイゼーション）させ，顕微鏡下でその場所を視覚化する方法である．蛍光色素を使ってハイブリダイゼーション後のシグナルを蛍光顕微鏡下で検出する方法は，蛍光 *in situ* ハイブリダイゼーション（FISH）法と呼ばれる．FISH 法は，遺伝子または特定 DNA 配列をスライドグラス上に展開した染色体標本に直接検出できるので，染色体マッピングの手法として非常に優れている．これまで核ゲノムに含まれる高度反復配列が多数クローン化され，リボソーム RNA 遺伝子とともに染色体の目印（ランドマーク）として広く使われている（図 11.7）．

　最近では，細胞核中の DNA 繊維をスライドグラス上に広げ，これに FISH を行い，標的遺伝子を検出する DNA ファイバー FISH 法が開発された．この方法によって FISH 法の解像度や感度が高められた．

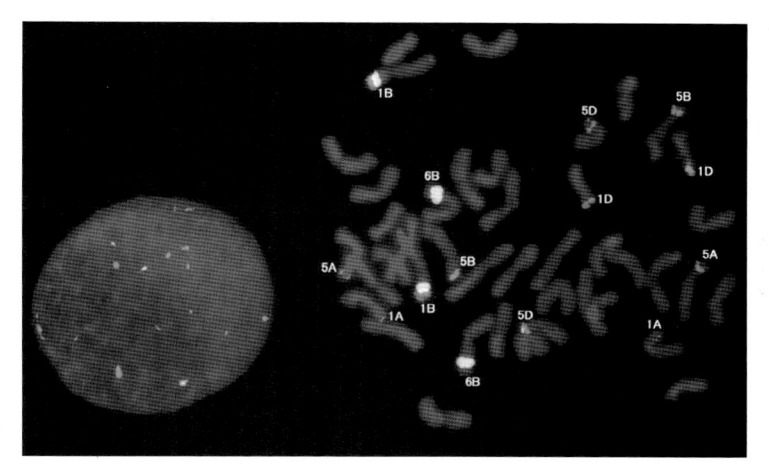

図 11.7 多色 FISH 法によるパンコムギ（$2n = 6x = 42$，ゲノム $=$ AABBDD）の 2 種類の rRNA 遺伝子の同時染色体マッピング（文献 2 より転載）
5S rRNA 遺伝子と 18S-5.8S-26S rRNA 遺伝子は，それぞれ赤と緑の蛍光で検出された．

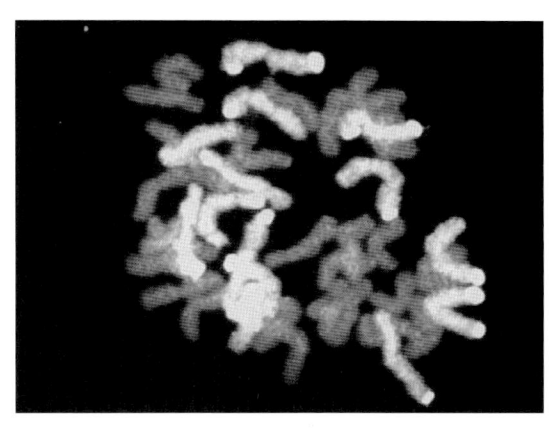

図 11.8 ライコムギの GISH の写真
ライムギ染色体が強い蛍光（黄色）で検出された．

b. 目で見るゲノム分析

ISH 実験において，クローン化した特定の DNA 配列を用いるのではなく，全ゲノム DNA をプローブとして利用する方法をゲノミック in situ ハイブリダイゼーション（GISH）法という．この GISH 法を用いてゲノム分析を視覚化して行うことができる（**図 11.8**）．

異質四倍体の場合のゲノム分析の方法を説明しよう．ゲノムを提供したと推定される二倍種のうち，一方の全ゲノム DNA をビオチンで標識したものに，もう一方の種の全ゲノム DNA をブロッキングDNA として標識せずに多量加えたものをプローブとして，四倍種の中期染色体標本にハイブリダイズさせる．標識した方のプローブDNA の検出はアビジン-FITC で行うので，このプローブが結合した

ゲノム分析
生物のゲノム構成を明らかにして種の分化や系統進化あるいは遺伝子とゲノムの関係などを明らかにする操作をいう．

プラズモン
核 DNA 以外の遺伝情報の総和．コンドリオーム（ミトコンドリア DNA）とプラストーム（葉緑体などの色素体 DNA）とに分けられる．核 DNA の遺伝子とプラズモンの遺伝子は相互に影響を及ぼしあう．

染色体は緑色に見える．また，非標識プローブが結合した染色体はプロピジウムアイオダイドで染色されるので赤色に見える．

　細胞学的なゲノム分析では雑種における減数分裂時の染色体対合の程度にもとづいて行われるが，GISH 法によるゲノム分析ではゲノムを DNA レベルで，しかも染色体という実体でとらえることができる．また，GISH 法は体細胞でゲノム分析ができ，木本植物のように雑種を得るのに時間を要する場合のゲノム分析法としても有効である．

文　　献

1) Do, G. S., *et al.*（2001）：*Genes Genet. Syst.*, **76**：53-60.
2) Mukai, Y.（2004）：Encyclopedia of Plant and Crop Science（Goodman, R. M., ed.）, pp.468-471, Marcel Dekker.

■コラム■　細胞遺伝学の父といわれる木原均

　木原均は，共同研究者たちとコムギやその野生近縁種の細胞遺伝学的研究を進め，ゲノム分析を行い，コムギおよびエギロプス属の倍数性進化の系図を明らかにした．そして，生物における基本的な法則であるゲノム説を提唱した．さらにパンコムギの祖先種を発見し，その合成にも成功した．また，スイバにおいて高等植物では初めて性染色体を発見したり，タネナシスイカの作出や核細胞質雑種を用いたプラズモンの多様性の発見など数多くの業績をあげた．

　次の言葉は木原均の研究の結論として生まれた有名な言葉である．

The history of the earth is recorded in the layers of its crust ; The history of the all organisms is inscribed in the chromosomes.

"地球の歴史は地層に，生物の歴史は染色体に記されている"

⑫ 細胞質遺伝

〔キーワード〕 オルガネラ DNA, ミトコンドリアゲノム, 葉緑体ゲノム, 細胞質雄性不稔

　植物の生存に必要な遺伝情報の多くは核に含まれている．一方，呼吸や光合成に欠くことができない遺伝情報の一部は，それぞれミトコンドリアと葉緑体に存在する．ミトコンドリアと葉緑体などのオルガネラに存在する DNA は自己複製し，細胞分裂によって娘細胞へと伝達される．大部分の被子植物において細胞質に存在するオルガネラ DNA は，花粉を通して子孫へとは伝達しないことから，母性遺伝 (maternal inheritance) する．一方，父性遺伝 (paternal inheritance) する植物や両性遺伝する植物も知られている．裸子植物では父性遺伝するのが一般的である．

　母性遺伝する形質の例として，オシロイバナの葉の斑入りや細胞質雄性不稔が有名である．本章では，葉緑体とミトコンドリアのゲノムについて学習した後，細胞質雄性不稔について詳しく学習する．

父性遺伝
ヒノキやスギなどでは，ミトコンドリアと葉緑体の両方が父性遺伝する．マツ科の植物の場合，ミトコンドリアは母性遺伝するが，葉緑体は父性遺伝する．

12.1 葉緑体ゲノム

a. ゲノム構造

　1 個の葉緑体には数十分子の環状二本鎖 DNA が含まれており，陸上植物における葉緑体のゲノムサイズは 120〜160 kbp である．その多くは 10〜30 kbp の逆向きの反復配列 (inverted repeat) をもつ．160 個程度の遺伝子を含んでいる．これらの遺伝子は，光合成に必要なリブロース-1,5-二リン酸カルボキシラーゼ／オキシゲナーゼ (RuBisCO) 大サブユニットや，チラコイド膜のタンパク質のサブユニット，葉緑体内での遺伝子の転写・翻訳にかかわる RNA ポリメラーゼのサブユニット，リボソーム RNA (rRNA)，トランスファー RNA (tRNA)，リボソームタンパク質などがコードされている（図 12.1）．光化学系 I，光化学系 II，その他の電子伝達成分，ATP 合成酵

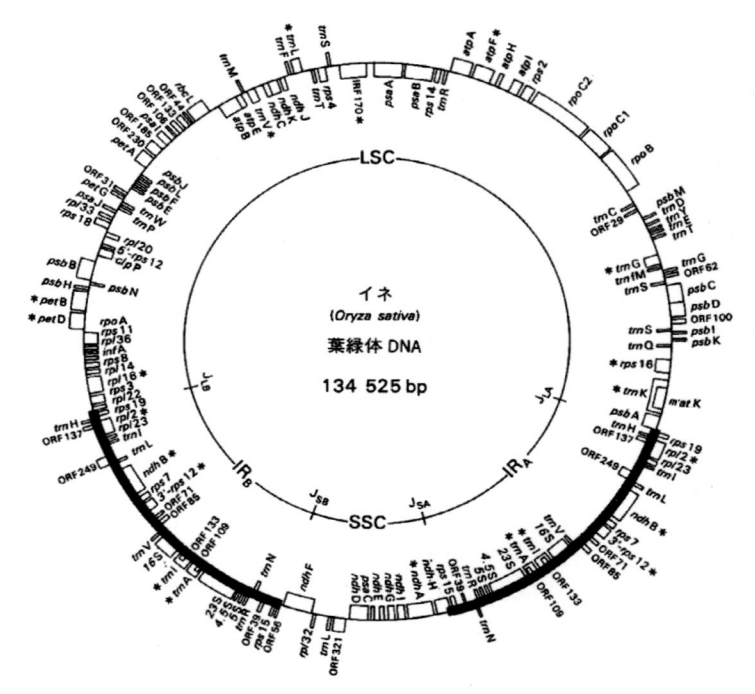

図 12.1 イネの葉緑体ゲノム[1]
逆向きの反復配列（inverted repeat）を黒い太線で示す．円の外側の遺伝子は反時計方向に，円の内側の遺伝子は時計方向に転写される．＊印はイントロンを含む遺伝子．

素複合体の遺伝子は，それぞれ *psa*（photosystem I），*psb*（photosystem II），*pet*（photosynthetic electron transport），および *atp*（ATPase）と名づけられている．葉緑体ゲノムの起源については，古い祖先型のラン藻が共生したとする説が有力である．

タバコの緑葉の場合，1個の細胞に50から100個の葉緑体が含まれ，1個の葉緑体が10から20個の核様体をもっている．核様体は5から10個の葉緑体ゲノムからなる．1個の細胞にはおよそ10000個の葉緑体ゲノムが含まれる．

タバコの葉緑体ゲノムは156 kbp，トウモロコシは140 kbpである．イネの場合は135 kbpからなり，遺伝子数は171個である．

葉緑体の遺伝情報が関与する形質には，斑入りなどの葉緑素異常の他にアトラジンに対する薬剤耐性などがある．

b. 葉緑体ゲノムの転写と翻訳

葉緑体ゲノムから転写されるmRNAは，原核生物の場合と同じく5′末端にキャップ構造がなく，またmRNAの3′末端にはポリ（A）配列は付加されない．プロモーター領域をみると，大腸菌のRNAポ

アトラジン耐性
除草剤アトラジンは，葉緑体ゲノムに存在する *psbA* 遺伝子がコードする光化学系IIのD1タンパク質に結合する．*psbA* の264番目のアミノ酸セリンからグリシンへの変化など特定のアミノ酸変異をおこすとアトラジン耐性を示す．

リメラーゼのσ因子が認識する−35配列（TTGACA）と−10配列（TATAAT）をもつものが多い．転写には，葉緑体ゲノムにコードされたRNAポリメラーゼの他に，核ゲノムにコードされたRNAポリメラーゼも使われている．RuBisCO大サブユニットなど一部のタンパク質の遺伝子は単独で転写されるが，大部分のタンパク質遺伝子は2〜12個が1個の転写単位として共転写される．イントロンをもつ遺伝子も存在する．共転写されたmRNA前駆体は，RNA切断・トリミング，RNAスプライシングなどのRNAプロセッシングをうけて成熟mRNAとなる．葉緑体の翻訳装置は大腸菌などの原核生物の場合と類似している．原核生物の翻訳開始シグナルであるシャイン-ダルガーノ配列をもつmRNAが多い．

12.2　ミトコンドリアゲノム

a.　ゲノムの構造

哺乳類のミトコンドリアDNAが約16.6 kbpの小型で均一な環状分子であるのに対し，高等植物では，ゲノムサイズが200から2400 kbpときわめて大きく変異に富んでいる．また多くの高等植物では，ミトコンドリアゲノム内に存在する反復配列間で生じる相同組換えなどによって，サイズや構造の異なる複数の環状分子種を不均一にもつ．

ミトコンドリア遺伝子には，電子伝達系の複合体Ⅰ：NADH脱水素酵素のサブユニット（$nad1$〜$nad9$），複合体Ⅲ：シトクロムbc_1複合体のサブユニットであるシトクロムbタンパク質（cob），複合体Ⅳ：シトクロムcオキシダーゼのサブユニット（$cox1$〜$cox3$），ATP合成酵素のサブユニット（$atp1$, $atp6$, $atp9$）など，転写と翻訳にかかわるリボソームRNA（rRNA），トランスファーRNA（tRNA），リボソームタンパク質などがコードされている．リボソームタンパク質は，大サブユニットを構成するものはrpl（ribosomal protein large），小サブユニットを構成するものはrps（ribosomal protein small）と名づけられている．その他に，機能未知のorfが数十個存在する．ミトコンドリアゲノムにコードされているtRNAは15種類ほどにすぎず，20種類のアミノ酸すべてに対応していない．足りないtRNAは，核ゲノムコードのtRNAを細胞質からミトコンドリアへ輸送して補っている．

シロイヌナズナのミトコンドリアゲノムは367 kbp，ナタネは222 kbp，テンサイは369 kbp，トウモロコシは570 kbp，イネは491 kbp

シャイン-ダルガーノ配列（Shine-Dalgarno配列；SD配列）
開始コドンAUGから7ヌクレオチドほど上流に存在し，16S rRNAの3′末端近傍の塩基配列と対合して翻訳開始シグナルとなる．SD配列の共通配列はAGGAGG．

ゲノム配列から推定されるアミノ酸	--- セリン ---
ゲノムDNA	---- TCA ---
前駆体mRNA	--- UCA ---
エディティング	--- UUA ---
エディティング後の推定アミノ酸	--- ロイシン ---

図 12.2　ミトコンドリアにおける RNA エディティングの例

である．イネの場合，既知のタンパク質をコードする遺伝子は 35 個，偽遺伝子や機能未知の orf を含めた遺伝子数は 81 個である．

b. RNA エディティング

ミトコンドリアと葉緑体の RNA はエディティング（editing ＝編集）をうけることがあり，ミトコンドリアでよく見られる．RNA エディティングは，前駆体 RNA が成熟 RNA になる過程で塩基の変換などがおこり，塩基配列が変わる現象である．シチジン残基（C）からウリジン残基（U）に変換されることが多い．RNA エディティングにより，コードするアミノ酸が変化したり，開始あるいは終止コドンが形成されたりすることがある（図 12.2）．

12.3　核と細胞質の相互作用

a. RuBisCO のサブユニット

リブロース-1,5-二リン酸カルボキシラーゼ／オキシゲナーゼ（RuBisCO）は，炭酸ガスを有機物へ取り込む最初の反応を触媒する酵素である．RuBisCO は大小それぞれ 8 個のサブユニットから構成されており，大サブユニットは葉緑体遺伝子（rbcL）により葉緑体で合成され，一方，小サブユニットは核遺伝子（rbcS）にコードされ細胞質で翻訳される．翻訳された小サブユニットには葉緑体移行シグナルペプチドがついており，葉緑体内に輸送される．このシグナルペプチドは葉緑体内に取り込まれると除去され，最終的には大小それぞれ 8 個のサブユニットからなる成熟 RuBisCO に構成される．

葉緑体のリボソームタンパク質の遺伝子や光合成関連遺伝子の大部

---

orf（open reading frame）
ある DNA 配列が連続した 3 塩基ずつの組によってタンパク質をコードする場合，一方向に 3 個，逆方向に 3 個，合計で 6 個の読み枠（reading frame）がある．開始コドンから終止コドンまである程度の長さがあり，タンパク質をコードしている可能性のある読み枠を orf と呼ぶ．

RuBisCO の酵素活性
炭酸ガス（CO_2）とリブロース-1,5-二リン酸から 2 分子のホスホグリセリン酸を生成する反応を触媒する（カルボキシラーゼ活性）．また，酸素を消費して CO_2 を放出する光呼吸の初発段階も触媒する（オキシゲナーゼ活性）．

分は核ゲノムにコードされており，それらのタンパク質は細胞質で合成された後，葉緑体内に移行して機能する．

b. 細胞質雄性不稔

核と細胞質の相互作用で，細胞質雄性不稔性（cytoplasmic male sterility；CMS）を示すことがある．雄性不稔性（male sterility）とは，両性花の植物において，雌ずいは形態も機能も正常でありながら，雄ずいが異常で生殖能力のある花粉ができないことである．細胞質雄性不稔性は一代雑種品種（F_1 hybrid cultivar）の育種に有用なため，解析が進んでいる．

細胞質雄性不稔性は，細胞質と核遺伝子の特定の組合せで雄性不稔を示す．細胞質雄性不稔性は，種内の変異としても見出されるが，亜種間や種間などでの遠縁の雑種の子孫でよく見られる．例えば，遠縁種 A を母親として交雑し，栽培種 B の花粉で戻し交雑を続けると，遠縁種 A の細胞質と栽培種 B の核をもった細胞質置換系統（あるいは核置換系統）を得ることができ，雄性不稔を示すことが多い（図 12.3 と 12.4）．細胞融合を利用した細胞質置換も可能である．

c. CMS に対する稔性回復遺伝子

細胞質雄性不稔性において，花粉稔性を回復させる核の遺伝子が存在する場合がある．これを稔性回復遺伝子（fertility restorer gene）

一代雑種品種
2つの自殖系統の間で F_1 をつくり，それを品種として利用する．一代雑種品種は，雑種強勢により旺盛な生育と多収が得られる．

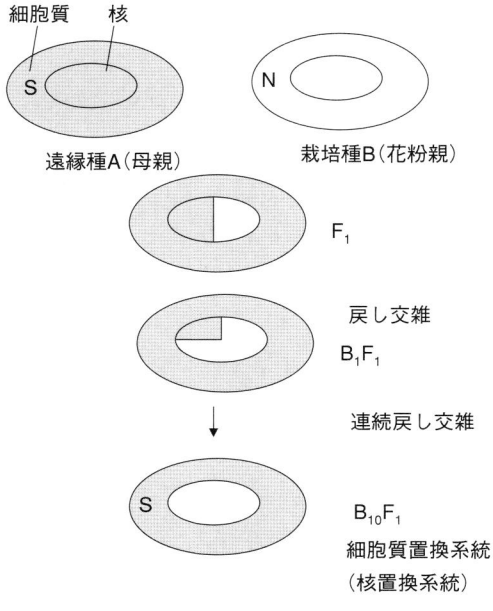

図 12.3 戻し交雑による細胞質置換

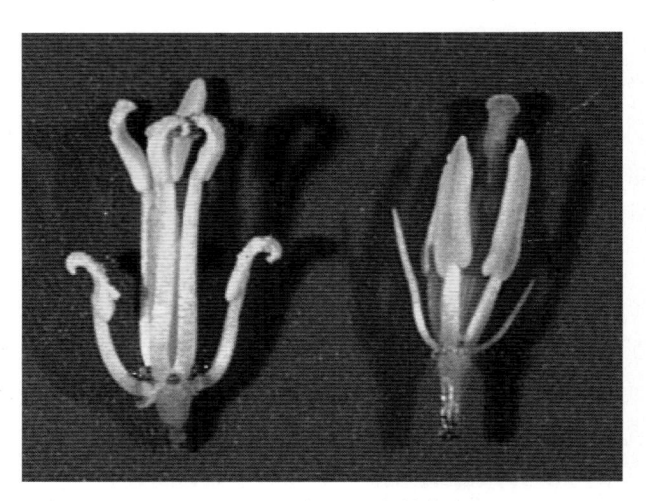

図 12.4 細胞質雄性不稔植物の例
カブ (*Brassica rapa*)(左側)と近縁野生種 *Diplotaxis muralis* 細胞質をもつカブの細胞質雄性不稔系統(右側). がく片と花弁を除いた花. 葯が未発達であることがわかる.

と呼ぶ. 雄性不稔細胞質に対して優性1遺伝子で作用するものが多い. 雄性不稔細胞質をS (Sterile) 細胞質, 正常細胞質をN (Normal) 細胞質とし, 稔性回復遺伝子を *Rf*, 回復能のない対立遺伝子を *rf* とすると, N細胞質をもつ個体は *Rf* の遺伝子型にかかわらず可稔であるが, S細胞質をもち *rfrf* の遺伝子型の個体は不稔であり, S細胞質をもち *RfRf* および *Rfrf* の遺伝子型の個体は可稔となる.

細胞質雄性不稔系統を維持するには稔性回復遺伝子をもたない系統を戻し交雑する必要があり, こうした系統を維持系統 (maintainer) と呼ぶ. 一方, 稔性回復遺伝子をもつ系統を稔性回復系統 (restorer) と呼ぶ. 細胞質雄性不稔系統(母親)に稔性回復系統を交雑して一代雑種品種を作出する(図 12.5).

回復遺伝子には, 配偶体型で作用するものと胞子体型で作用するものがある. 細胞質雄性不稔系統 (*rfrf*) を母親にして稔性回復系統 (*RfRf*) の花粉を交雑した F_1 (*Rfrf*) 植物においては, 花粉は *Rf* をもつ花粉と *rf* をもつ花粉が1:1に分離する. *Rf* をもつ花粉が可稔となり, *rf* をもつ花粉が不稔となる場合を配偶体型の稔性回復と呼ぶ. この場合, 花粉の生死は配偶体である花粉の遺伝子型によって決定する. 一方, 花粉の生死が花粉自身の遺伝子型によらずに, 花粉を形成した親植物(胞子体)の遺伝子型によって決定される場合もある. この場合は *Rf* をもつ花粉と *rf* をもつ花粉の両方が胞子体 (*Rfrf*) における *Rf* の影響をうけ可稔となる. この稔性回復パターンを胞子体型と呼ぶ. 細胞質雄性不稔系統 (*rfrf*) と稔性回復系統 (*RfRf*) の間の

雄性不稔系統維持

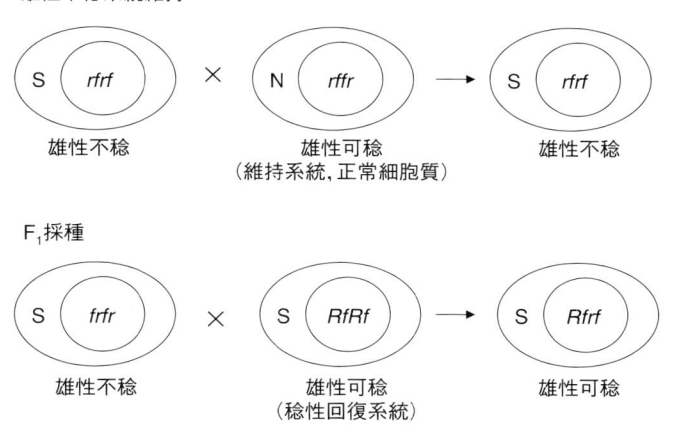

```
  ┌─────────┐      ┌─────────┐       ┌─────────┐
  │ S  rfrf │  ×   │ N  rfrf │  →    │ S  rfrf │
  └─────────┘      └─────────┘       └─────────┘
   雄性不稔          雄性可稔           雄性不稔
                (維持系統,正常細胞質)
```

F₁ 採種

```
  ┌─────────┐      ┌─────────┐       ┌─────────┐
  │ S  rfrf │  ×   │ S  RfRf │  →    │ S  Rfrf │
  └─────────┘      └─────────┘       └─────────┘
   雄性不稔          雄性可稔           雄性可稔
                 (稔性回復系統)
```

図 12.5 細胞質雄性不稔系統の維持と F₁ 採種の図式

表 12.1 稔性回復遺伝子をヘテロにもつ F_1 (Rr) にできる花粉と F_2 の遺伝子型

配偶体型

卵＼花粉	Rf	rf (死ぬ)
Rf	$RfRf$ (可稔)	
rf	$Rfrf$ (可稔)	

胞子体型

卵＼花粉	Rf	rf (生きている)
Rf	$RfRf$ (可稔)	$Rfrf$ (可稔)
rf	$Rfrf$ (可稔)	$rfrf$ (不稔)

F_2 植物において，可稔の植物と不稔の植物の出現頻度は，配偶体型の場合は 1：0，胞子体型の場合は 3：1 となる（**表 12.1**）．

イネの Boro 型細胞質雄性不稔の場合，インド型品種の Chinsurah Boro II に日本型品種の台中 65 号を連続戻し交雑することで，細胞質が Boro 型，核が台中 65 号という系統がつくり出された．細胞質は [ ] で示し，[$cms-bo$] のように表記する．この系統は細胞質雄性不稔を示すが，Chinsurah Boro II に由来する単因子優性の稔性回復遺伝子 *Rf1* により配偶体型の稔性回復を示す．すなわち，細胞質雄性不稔系統と稔性回復系統の F_1 は 50 ％の花粉稔性を示す（**図 12.6**）．なお，F_1 では花粉稔性が 50 ％であっても結実率は 100 ％となる．稔性回復遺伝子 *Rf1* は日本の品種には存在せず，インドや東南アジアの多くの品種に存在する．

d. 雄性不稔性に関与する分子

多くの雄性不稔細胞質のミトコンドリア遺伝子では雄性不稔細胞質に特異的なキメラ遺伝子が見つかっている（**表 12.2**）．ミトコンドリ

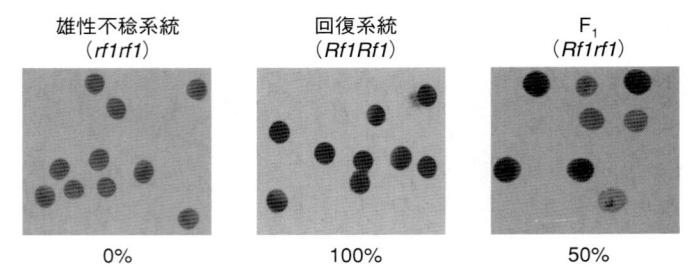

	雄性不稔系統 (rf1rf1)	回復系統 (Rf1Rf1)	F_1 (Rf1rf1)
	0%	100%	50%

図 12.6 イネにおける Boro 型細胞質雄性不稔系統，回復系統，および F_1 の花粉稔性．花粉を I_2-KI で染色した．

表 12.2 3 種の CMS 植物の CMS 関連遺伝子と，推測される稔性回復遺伝子の機能（鳥山欽哉・風間智彦（2005）：化学と生物，**43**：212-213 より）

植物	関連遺伝子	含まれる遺伝子	共転写される遺伝子	稔性回復遺伝子の機能
ペチュニア	*pcf*	*atp9*, *coxII*	*nad3*, *rps12*	タンパク質翻訳の抑制
コセナダイコン	*orf125*	なし	*trnM*, *atp8*	タンパク質翻訳の抑制
Boro 型イネ	*orf79*	*coxI*	*atp6*	RNA のプロセッシング

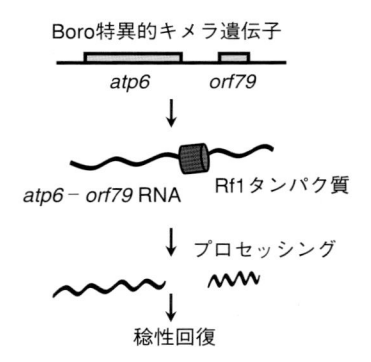

図 12.7 イネの Boro 型細胞質雄性不稔における稔性回復遺伝子 *Rf1* の作用

ハウスキーピング遺伝子
細胞の生存に不可欠なタンパク質をコードする遺伝子．

T 型細胞質雄性不稔
トウモロコシの T 型細胞質による雄性不稔性を利用した一代雑種品種はアメリカで広く普及したが，1970 年代にごま葉枯病菌 *Helmintosporium maydis*（*Biporalis maydis*）に新しい T 型レースが出現して大被害をうけた．T 型レースがつくる毒素によって T 型細胞質をもつトウモロコシが特異的に障害をうけるためである．

ア内のハウスキーピング遺伝子と由来不明の配列によるキメラ遺伝子であることが多い．

イネにおける Boro 型細胞質雄性不稔系統では Boro 型特異的キメラ遺伝子 *atp6-orf79* が存在し，それらは共転写される．共転写された RNA は細胞質雄性不稔系統ではプロセッシングをうけないが，稔性回復遺伝子が存在するとプロセッシングをうけて *atp6* RNA と *orf79* RNA が切り離される（図 12.7）．その他の細胞質雄性不稔の場合，稔性回復系統では雄性不稔細胞質特異的タンパク質が減少する例も多い．

トウモロコシの T 型細胞質雄性不稔では，ミトコンドリアにある *T-urf13* 遺伝子が雄性不稔性をひきおこす遺伝子であると考えられる．この遺伝子は 13 kDa のタンパク質をミトコンドリア内膜につくる

が，回復遺伝子が存在すると，13 kDa タンパク質の合成が抑制され，不稔性が解消する．T 型細胞質の稔性回復遺伝子には *Rf1* と *Rf2* が優性補足遺伝子として働き，その作用は胞子体型である．回復遺伝子のひとつ *Rf2* 遺伝子がクローニングされ，アルデヒド脱水素酵素をコードしていることが示されている．

12.4　葉緑体の形質転換

葉緑体とミトコンドリアに遺伝子を直接導入する試みがなされている．葉緑体の形質転換は，パーティクルガン法により，単細胞緑藻のクラミドモナスにおいてはじめて報告され，近年，タバコでも報告された．選抜マーカーとして，スペクチノマイシンとストレプトマイシン（70S リボソーム翻訳阻害の作用がある）に耐性を付与する *aadA*（aminoglycoside-adenyltransferase）遺伝子がよく用いられる．プロモーターは葉緑体遺伝子の 16S rRNA のプロモーターが使われることが多い．葉緑体ゲノムには相同組換えによって遺伝子が導入されるため，導入したい遺伝子の両端に葉緑体の遺伝子を 1 kbp ほど連結する．すなわち，導入遺伝子を葉緑体のゲノムで挟み込んだベクターを構築する（図 12.8）．このようなベクターをタバコ緑葉にパーティクルガンで撃ち込んで，スペクチノマイシンで選抜すると，形質転換した葉緑体をもつカルスが得られる．はじめは形質転換した葉緑体と，していない葉緑体が混在するが，選抜と再分化を繰り返すことで，形質転換葉緑体のみをもった植物を得ることができる．

葉緑体の形質転換により，葉緑体遺伝子の遺伝子破壊系統がつくられ，葉緑体遺伝子の機能解明が行われている．また，遺伝子組換え植

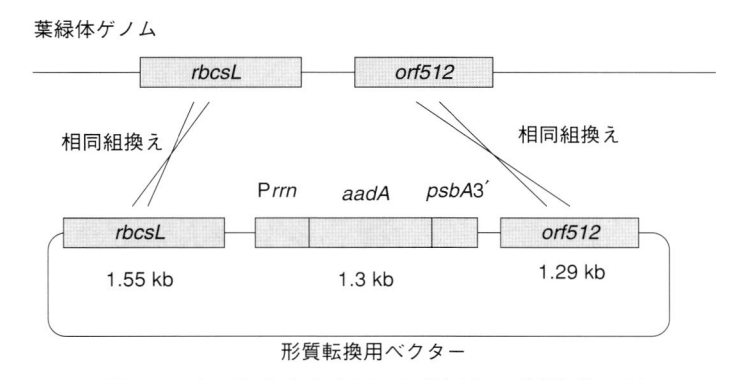

図 12.8　相同組換えを利用した葉緑体の形質転換の例
rbcL：RuBisCO の大サブユニット遺伝子，P*rrn*：16S rRNA のプロモーター，*aadA*：スペクチノマイシン耐性遺伝子，*psbA3′*：光化学系 II の D1 遺伝子のターミネーター

物の環境への拡散防止という点で注目される．すなわち，核に導入した遺伝子組換え植物では，花粉が飛散して近縁植物との交雑により導入遺伝子が伝搬するという心配があるが，葉緑体は花粉で伝搬しないため花粉による遺伝子拡散がない．現在，葉緑体の形質転換が可能な植物はタバコなど少数の植物に限られる．他の作物での形質転換系の確立が望まれる．

　ミトコンドリアの形質転換法の開発も試みられているが，今のところ開発されていない．

文　　献

1) 日向康吉（1997）：植物の育種学，p.55，朝倉書店

■コラム■　稔性回復遺伝子のクローニング

　近年，ペチュニア（*Petunia hybrida*），コセナダイコン（*Raphanus sativus* cv. Kosena）の細胞質をもつナタネ（*Brassica napus*），およびイネの Boro 型細胞質雄性不稔の稔性回復遺伝子がマップベース法でクローニングされた．いずれの稔性回復遺伝子も PPR と名づけられたモチーフを 14〜18 回もつタンパク質をコードしていた．PPR タンパク質は，35 アミノ酸からなる保存配列が繰り返し存在することから pentatricopeptide repeat の略で PPR と名づけられている．PPR タンパク質はシロイヌナズナゲノムにはおよそ 430 個，イネゲノムにはおよそ 700 個存在すると推測されており，高等植物ゲノム中ではスーパージーンファミリーを形成している．PPR タンパク質はそのほとんどがミトコンドリアと葉緑体に局在することが予測されている．PPR タンパク質はオルガネラにおいて，RNA に結合して RNA のプロセッシングや安定化，翻訳の制御などを行っているとされている．

⑬ 遺 伝 と 統 計

〔キーワード〕統計，分布，検定

　生物の示すさまざまな特徴は形質と呼ばれる．遺伝解析を行うためには目的とする形質に，例えば草丈が高いとか低い，あるいはタンパク質含有量が高いとか低いなどの遺伝変異があることが必須条件である．モチ性やウルチ性，あるいは赤や白という花の色など記述的な表現は，質的形質である場合にあてはまる．遺伝解析の対象となる形質には質的形質のほかに，環境の影響をうけやすい量的形質があり，数量的な値，変数としてあらわされる．したがって，遺伝学は自然現象にもとづく量的情報の科学的研究である統計学と密接なつながりをもつ．本章では，遺伝学で用いられる基本的手法について述べる．統計学の基本的知識は，「生物統計学」の教科書で別途学ぶことをすすめる．

　メンデル遺伝学において，優性形質をもつ個体と劣性形質をもつ個体を交配した場合に，その F_2 世代で優性形質を示す個体と劣性形質を示す個体が 3：1 の割合で出現することは皆が知っている．これも本来はそれぞれが 3/4 と 1/4 の「確率」で出現するとすべきである．確率であるから，200 個体の F_2 を調べたからといって必ず優性個体が 150 個体，劣性個体が 50 個体になるとは限らない．では，何個体ずつ出現したらこの形質の遺伝性が明確になるのであろうか？　我々は対象とする形質の遺伝性を知らないのである．得られた分離比が優性 140 個体，劣性 60 個体となったとき，これが単一遺伝子座支配の優性，劣性の形質としてよいかが問題となる．また，新品種を開発しコシヒカリと草丈を比較した場合，それぞれ 30 個体ずつ調査し，平均がそれぞれ 85 cm と 90 cm であったとしたら，この 5 cm の差は意味のある差といえるかどうか？　あるいは調査個体が 3 個体であった場合の結果だとしたらどうであろうか．それぞれの品種の稈長は，遺伝子型で決まる部分と個体ごとに異なるわずかな環境の影響で決まる

部分がある．したがって，同じ遺伝子型をもつコシヒカリでも個体ごとに程長は異なってくる．このばらつきを考慮しながら品種を比較し，遺伝子型による差異を見抜かなければならない．このような場面で統計学は活躍するのである．統計学を「意味のある差を出す道具」かのように考えてはいけない．

13.1　変数の尺度水準

我々が観察を行ったとき，試料になるある個体の特定の性質をある「変数」であらわすが，この変数にはいろいろな種類がある．例えば，質的な形質で花の色が赤であるとか白であるというように定性的な場合，草丈が何 cm であるというように定量的な場合，反応が正か負かなど二者択一的な場合，同様に反応でも−，＋，＋＋と段階的な場合など，変数の性質，つまり尺度はさまざまである．この尺度の違いで統計学的方法が決まってくる．尺度には，赤と白などの類別尺度，反応の大きさなどを示す順序尺度，気温のような間隔尺度，長さや重さなど比率尺度がある．

尺度水準に応じて統計学的手法も変わるため，自分の観察値はどの水準なのかを明確にする必要がある．例えば，花の色を解析しようとする場合，単純に赤，白，黄色とすればこれは類別尺度であるが，色調にもとづいて 10 段階に仕分けしたとすれば順序尺度になる．さらに色彩色差計で明度と色度を量的にあらわせば間隔・比率尺度となる．

13.2　統　計　量

統計学は通常，集団すなわち個体の集まりを扱う．そこでは，ひとつひとつの情報ではなく，量に関する情報を扱う．ある 1 匹の生物の測定値とか，あるひとつの定量的な検査の結果というのは興味の範疇ではない．研究結果の情報が何らかの形で数量化されない限り，その情報を統計学的に分析することはできない．数量的情報は，測定値であったり観測値であったりする．統計学が対象とする自然現象は，人の制御下にない生物・非生物での現象，および例えば実験のように科学者によってひきおこされ，そして多少とも科学者によって制御されている現象すべてを含む．これらの情報は，生物においては数多くの条件が複雑に関与するため決定論的には決まらず，統計量として確率論的に把握することになる．

13.3 代表値と散布度

数値によって観察値を要約する方法にはいろいろあるが，観察値が変数のどの値の付近を中心に広がっているかを示す代表値と，どのくらいの範囲に広がっているかを示す散布度を数値で示すことになる．代表値を決めるには尺度水準が重要である．表 13.1 に各水準で用いられる代表値を示す．モード（mode，最頻値）は，もっとも観察度数の大きい変数あるいは変数の範囲を示す．類別変数の分布の中心を示すことができるのはモードだけである．中央値（median）は，中央値となる値より大きな値を示す個体（度数）と，より小さな値を示す個体（度数）とが等しくなるような変数の値を示す．放射線によって集団のちょうど半分が死ぬ半数致死線量（LD_{50}）は代表的な中央値である．間隔・比率尺度における代表値である平均値（average）として算術平均（arithmetic mean）がある．

$$\bar{x} = \frac{1}{n}(x_1 + x_2 + \cdots + x_n) = \frac{1}{n}\sum_{i=1}^{n} x_i$$

生物現象を観察する際に，いくつかの数値があると機械的に算術平均をとることがよく見られるが，数値の性質，すなわち尺度あるいは分布に留意する必要がある．

多数の個体で構成されている集団において，個々の特性値のばらつきである散布度を示すには，標本中の最大と最小の値の差である範囲，分散，標準偏差，変動係数が使われる．個々の特性値を x_i，集団の平均値を $\bar{x}$ として，集団の個体数が n のとき分散（variance：V）は

$$V = \sum_{i=1}^{n} \frac{(x_i - \bar{x})^2}{n-1}$$

であらわされる．$n-1$ は自由度と呼ばれる．標準偏差（standard deviation；s）は

$$s = \sqrt{V}$$

で示される．標準偏差のような尺度は一般に"単位"をもっているから，平均の違いすぎるデータを比較する場合には都合が悪い．そこで，相対的な散布度の尺度として，そのような単位を除去した変動係数

自由度とは？

N 個の標本を k 個のカテゴリーに振り分ける場合，$k-1$ 個のカテゴリーには任意の数を割り振れるが，最後の1カテゴリーに割り振れる数は必然的に定まる．各カテゴリーに該当するケース数の和が n であるという制約条件が1個あるので，自由に割り振れるカテゴリー数は1つ減ることになる．このようなときに，自由度は $k-1$ であるという．また，n 個の観察値は全体として自由度 n をもつが，$\sum(x_i - \bar{x})^2$ は $\bar{x} = \sum x_i / n$ という制約条件が1つあるので，自由度は $n-1$ になる．例えば，標本データから偏差平方和を計算するには標本の平均値を使う．このとき母数のひとつである母平均を推定しているので自由度が1減ることになる．したがって，分散の計算で偏差平方和を割る自由度は，標本数の n から1引いた数で割ることになる．しかし，標本の統計量だけに興味があるのであって母集団の推定値に使うのでなければ，平方和を n で割って分散を計算する．

標準偏差と標準誤差

さまざまな統計量の標準偏差が標準誤差（standard error of mean；SE）である．例えば平均値の標準誤差とは，大きさ n の標本にもとづく平均値の分布の標準偏差である．したがって標準誤差は，標本の各個体の標準偏差とは同じではない．

表 13.1　各尺度水準で用いる代表値

	類別	順序	間隔・比率
モード	◎	◎	◎
中央値		◎	◎
平均値			◎

(coefficient of variance；CV) がピアソンによって次式のように提案されている．
$$CV = |\bar{x}|/s$$

13.4　確率分布を知ることがなぜ必要なのか？

　多くの場合，我々の興味は研究対象の「標本」の平均値や分散などではなく，標本が抽出されてきた「母集団」にある．母集団（population）とは，生物学的にはある特定の時点において，ある特定の地域に存在するある種の，ある性の，ある発育段階のなど，すべての個体を意味する．統計学的には，「全地球上に存在する，あるいは少なくとも空間的および時間的に限定された標本空間に存在する，我々がそれらについて推測しようとするすべて」となる．観察においては，ほとんどすべての母集団は理論的には有限である．一方実験においては，理論的には無限回繰り返すことができるものからの標本である．生物学におけるほとんどの場合，母集団は有限であるが，多くの場合母集団は標本に比べてあまりにも大きく，事実上これらの標本は無限に大きな母集団から抽出されたものと考えられる．これらの母集団の真の平均値や標準偏差は知り得ない．そこで母集団統計量が必要となり，母集団の推定値としての標本統計量を扱うのである．

　我々は経験的に得られた頻度分布を用いて，どのような頻度である事象がおきるかという予測や，ある個体が対象としている母集団に入るか否かという決断をする．「生物学」では，経験的な分布からではなくて，少なくとも我々が適切であると考える理論的な根拠にもとづいて予測を行う．

　手に入れたデータは，常にそのデータに影響を及ぼしている原因の性質からみて，ある特定の分布様式をもつはずであると考える．実際に得たデータが，その仮説にもとづく期待値とうまく合わなければ，我々自身がつくった仮定を考え直さなければならない．生物学においての頻度分布はこのように使う．検定しようとする仮定は，多くの場合理論的な頻度分布を与える．これを確率分布（probability distribution）という．メンデルの優劣の遺伝法則にしたがう交雑実験の第2世代においては，3：1の2つの値をもった分布である．

　確率分布を考える場合に，はじめに導入されるのが確率変数の概念である．確率的に生じるある事象の数値的表現と考えればよい．コインを1回投げて「裏」が出るか「表」が出るかという実験で，コインの「裏」が出る事象と「表」が出るという事象は，「表」が出る回数

として1か0という確率変数に置きかえられる．確率変数には，イネの分げつ数やある粒数播種した場合の種子の発芽数など数え上げられるもの，いわゆる計数値に対応する離散変数（discrete random variable）と，イネの草丈や収量など計量値に対応する連続変数（continuous random variable）がある．

以下に，遺伝学でよく使われる分布を紹介する．

a. 二項分布

発芽率はある種子が発芽するかしないかという事象である．このように生じる事象を2つに分類できるときの理論的な頻度分布「確率分布」が二項分布である．

全部でN個の玉が袋に入っていて，そのうちM個が白，$N-M$個が赤とすれば，n個の玉を選んだときにx個が白である確率分布がこれにあたる．ここで，M個中の白の割合を$N/M=p$とし，黒である割合を$(N-M)/M=q$とすれば，その分布は，

$$P[X=x] = {}_nC_x p^x q^{n-x} \quad (x=0,1,2\cdots,n)$$

とあらわすことができ，これを二項分布（binomial distribution）という．二項分布の名は，上の式の右辺が$(p+q)^n$を二項展開したときの一般項になることにちなむ．適用例としては，大量の種子が入った袋から一定の種子をとって播いたときの発芽数や，ヘテロ遺伝子型Aaの個体から次代系統を数十個体栽培したときの劣性ホモ個体aaの出現頻度があげられる．平均はnp，分散はnpqであり，比率を考えるときは平均p，分散pqとなる．

> $P[X=x]$とは
> PはprobabilityのPであり，Prと記すこともある．ある事象Xがおきる確率のことを示す．本文の二項分布の場合には，白い玉を選んだときの個数がxである場合の確率をさしている．

b. 正規分布

測定値が，作業時間や草丈，動物の体重などのように連続量として得られる場合には，分布もまた連続的であり，これらは連続分布あるいは計量分布と呼ばれる．連続量によってあらわされるデータを限りなく多くとり，度数分布表にまとめることを考える．度数を無限に多くとり，それに応じて階級間の幅を無限に小さくとると，相対度数分布の極限として安定した分布となることが多い．これらは一般になめらかな度数分布曲線を示すが，その代表として正規分布（normal distribution）がある．正規分布曲線は平均μを中心に，左右対称のベル型をした分布である（図13.1）．

確率密度関数は

$$f(x) = \frac{1}{\sigma\sqrt{2\pi}} e^{-(x-\mu)^2/2\sigma^2}$$

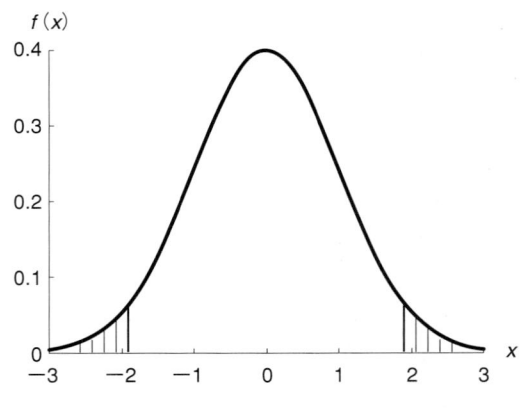

図 13.1　標準正規分布 $N(0, 1^2)$ の概形

ギリシャ文字の読み方
統計的方法ではよくギリシャ文字を用いる．例えば α（アルファと読む）は有意水準，ε（エプシロン）は誤差である．大文字の Σ（シグマ）は総和であり，小文字の σ^2 は分散を示すときに使われる．大文字の Π（パイ）は総積であり，小文字の π は円周率である．

平均と分散の表し方
母集団の統計量をあらわすのにギリシャ文字を，標本統計量をあらわすのにアルファベットを使う．標本平均には $\bar{x}$ が使われ，母平均には μ が使われる．標本分散は s^2 であり，母集団分散は σ^2 である．

で与えられる．ここで，μ，σ^2，σ は母集団の平均，分散，標準偏差を示す．イネの同一品種内個体間の稈長の分布や，子ブタの一定期間の体重増加などは，この正規分布にあてはまる．正規分布は，その分布の平均 μ と分散 σ^2 で決まることから，$N(\mu, \sigma^2)$ とあらわされる．正規分布では，その平均 μ を中心に ±σ の範囲内に全体の 68.3％が，±2σ の範囲内に 95.4％が，±3σ 内に 99.7％が入る．

$N(\mu, \sigma^2)$ にしたがうある種子重のデータ x について，母平均からの偏り $x - \mu$ を標準偏差 σ を単位としてあらわし，その値を z とする．$z = (x - \mu)/\sigma$ とすると，先ほどの式は以下のようになる．

$$f(z) = \frac{1}{\sqrt{2\pi}} e^{-z^2/2}$$

z は $N(0, 1^2)$ の標準正規分布にしたがう．そのため，標準正規分布表を用いれば x 以上の値が得られる確率などを求めることができる．標準正規分布 $N(0, 1^2)$ において，$|z|$ がある値以上になる確率 P を 0.05 としたときの z の値は 1.96，0.01 のときは 2.58 である．図 13.1 上の斜線の部分の両側の和が P である．

別々の正規分布にしたがう変数を足した場合，その値も正規分布にしたがう．その平均は，それぞれの正規分布の平均の和となり，分散はそれぞれが独立であれば各正規分布の分散の和となる．これは n 個の正規変数の和に一般化できる．

正規分布をつくり出す条件は，1) 変数に影響する要因が多数ある，2) それらの要因がその出現において独立である，3) それらの要因がその効果において独立であり，効果が相加的である，4) それらが分散に対して同じような貢献をする，ことがあげられる．

13.5 帰無仮説と対立仮説

処理 A と処理 B との間に**図 13.2** のような差を得た場合，研究者は「直感的」にその差を意味があるものと感じる．しかし，数が少ないので単なる「偶然」のずれかもしれないと不安になる．検定は「直感」に客観性を与える手段である．「差がある」という仮説は，そのままでは検定できない．なぜなら，その差の大きさをあらかじめ特定しておかなければ証明にならないからである．ところが，その大きさがわからないから検定するのであるから矛盾してしまう．そこで，「差がある」という仮説を証明するために，その逆の「差がない」という仮説を調べる．その仮説に何らかの矛盾が見つかれば，もとの「差があ

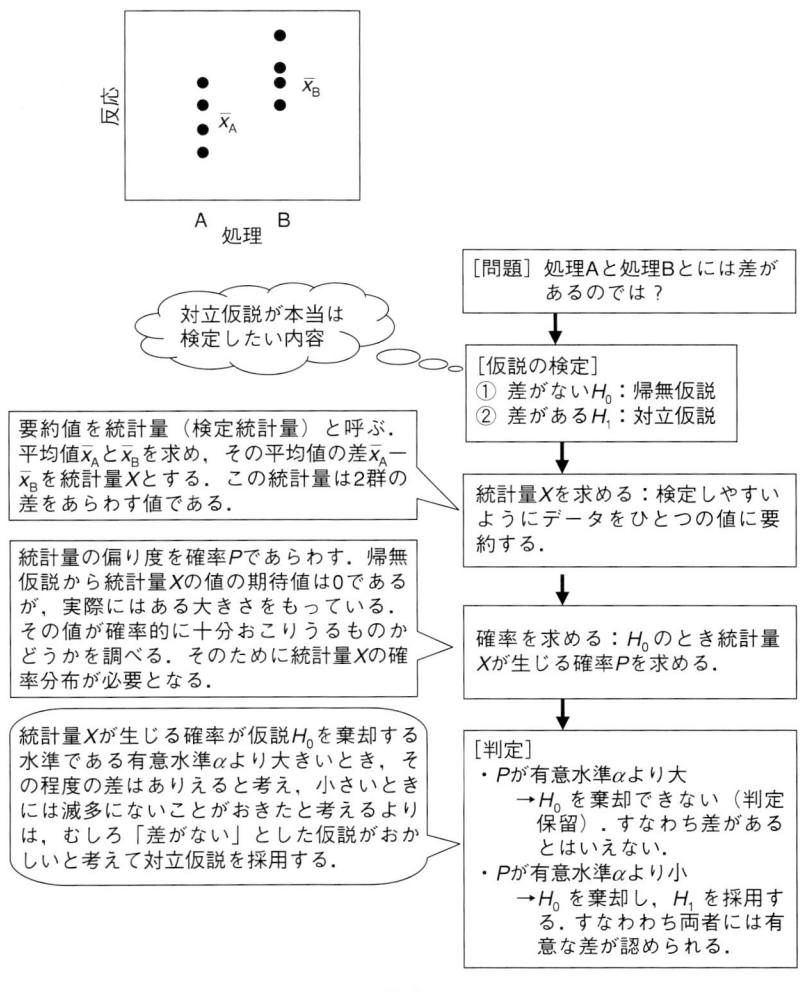

[グラフ：縦軸 反応，横軸 処理 A, B．$\bar{x}_A$ と $\bar{x}_B$ の平均値を示す散布図]

［問題］処理Aと処理Bとには差があるのでは？
↓
［仮説の検定］
① 差がない H_0：帰無仮説
② 差がある H_1：対立仮説

（対立仮説が本当は検定したい内容）

↓
統計量Xを求める：検定しやすいようにデータをひとつの値に要約する．

（要約値を統計量（検定統計量）と呼ぶ．平均値 $\bar{x}_A$ と $\bar{x}_B$ を求め，その平均値の差 $\bar{x}_A - \bar{x}_B$ を統計量 X とする．この統計量は2群の差をあらわす値である．）

↓
確率を求める：H_0 のとき統計量 X が生じる確率 P を求める．

（統計量の偏り度を確率Pであらわす．帰無仮説から統計量Xの値の期待値は0であるが，実際にはある大きさをもっている．その値が確率的に十分おこりうるものかどうかを調べる．そのために統計量Xの確率分布が必要となる．）

↓
［判定］
・P が有意水準 α より大
 → H_0 を棄却できない（判定保留）．すなわち差があるとはいえない．
・P が有意水準 α より小
 → H_0 を棄却し，H_1 を採用する．すなわち両者には有意な差が認められる．

（統計量Xが生じる確率が仮説 H_0 を棄却する水準である有意水準αより大きいとき，その程度の差はありえると考え，小さいときには滅多にないことがおきたと考えるよりは，むしろ「差がない」とした仮説がおかしいと考えて対立仮説を採用する．）

図 13.2 検定のしくみ

る」という仮説が正しいと判断し，明らかな矛盾が見つからなければ判定を保留する．検定の論理は反証法（背理法）にもとづいているのである．差があることを証明するために，その命題を置き換え，「差がないとすると矛盾する」ことを証明する．「差がない」という仮説は本来，無に帰すべきものとして「帰無仮説」(null hypothesis) と呼び，H_0 と略し，もとの「差がある」という仮説は「対立仮説」(alternative hypothesis) と呼び，H_1 とする．

13.6　検 定 の 例

　統計的な有意性検定は2つ以上の変量の間に意味のある差があるのか，あるいは期待値と観察値の間に有意差があるのかを検定することである．2変量間の検定としては t 検定，F 検定が，多変量間の検定には分散分析が知られている．これらはいずれも連続変数に関するものであり，正規分布を前提にしている．離散変数，正規分布が仮定できない場合には，ノンパラメトリック検定が用意されている．詳細は統計学の教科書を参照されたい．また，差の検定ではなく期待値と観察値のずれについての検定としては χ^2 検定が知られている．遺伝学においてよく用いられる χ^2 検定と分散分析について簡単に紹介する．

a.　χ^2 検定（遺伝分離比の検定）

　分離の法則により表現型が3：1の分離を示すと期待されても，多くの個体を調査しない限り，現実には3：1の分離を示すことはない．調査集団はあくまでも標本としての有限な集団であるから3：1の「期待値からの偏差」，すなわち標本抽出誤差が見られる．この場合，この「偏差」が通常出現する程度であるか，あるいは異常に大きな値であるかを統計学的に検定する．この検定には，サンプル数が少ない場合には二項検定法，多い場合には χ^2 検定を行う．花色の遺伝分析を行おうと赤花と白花とを交配したところ，F_2 世代で赤花とピンク花と白花に分離したとする（**表 13.2**）．花色が共優性の形質だとする

表 13.2　遺伝分離の適合度検定

F_2 表現型	観察値	期待値
赤花	47	$(1/4) \times 200 = 50$
ピンク花	102	$(1/2) \times 200 = 100$
白花	51	$(1/4) \times 200 = 50$
合計	200	200

観察値と期待値との一致性に関する χ^2 検定を行う．

と，期待される分布は50：100：50である．実際の分布はいずれも期待値とはずれている．それでは，この程度の偏差の値は，どの程度の確率でおきるのか？ 出現数が期待通りの分かれ方（この場合1：2：1）をする場合に，観察値とのばらつき具合（偏差）がどれくらいの確率でおきるのかを検討することになる．

χ^2値は期待値と観察値のずれをあらわすものであり，

$$\chi^2 = \sum \frac{(観察値 - 期待値)^2}{期待値}$$

$$= \frac{(47-50)^2}{50} + \frac{(102-100)^2}{100} + \frac{(51-50)^2}{50} = 0.24$$

となる．このような数値が出現する確率を統計数値表（**表13.3**）でみると，その確率pは$0.9 > p > 0.8$である．すなわち，この程度の偏差は100回の検定のうち80〜90回程度みられ，特に異常な偏差とはいえない．したがって，分離比は1：2：1と見なしてよいことになる．

b. 分散分析

英国の遺伝学者フィッシャーによって開発された分析方法である．実験する場合には2つ以上の平均値の差を検定しなければならない場合が多い．分散分析（analysis of variance；ANOVA）は，総平均からの分散の総和をいくつかの分散に分けて，その各々がそれぞれどのような原因によっておこったのかを解析する手法である．総和から，ひとつひとつの説明のつく要因によって生じたと思われる分散を取り

表13.3 χ^2分布の上側確率

確率	自由度	
	1	2
0.99	0	0.02
0.98	0	0.04
0.95	0	0.1
0.9	0.02	0.21
0.8	0.06	0.45
0.7	0.15	0.71
0.5	0.45	1.39
0.3	1.07	2.41
0.2	1.64	3.22
0.1	2.71	4.61
0.05	3.84	5.99
0.02	5.41	7.82
0.01	6.63	9.21
0.001	10.83	13.82

この表は，χ^2分布において，上側確率がαとなるパーセント点χ_0^2を求めるための表である（$\alpha = \Pr\{\chi^2 \geq \chi_0^2\}$）．例えば，自由度2の$\chi^2$分布における上側確率が0.05となるパーセント点は，自由度2と書かれている列（自由度$= v = 2$）を下にたどり，1列行目に0.05と書かれている列の数値5.99が求める値である．表13.2の場合には自由度が2でχ^2値が0.24であるから，確率は0.8と0.9の間になる．

表 13.4　分散分析の理解

処理	データの数	データセット
1	n_1	$x_{11}, x_{12}, \cdots, x_{1n_1}$
2	n_2	$x_{11}, x_{12}, \cdots, x_{1n_1}$
$\vdots$	$\vdots$	$\vdots$
i	n_i	$x_{11}, x_{12}, \cdots, x_{1n_1}$
$\vdots$	$\vdots$	$\vdots$
k	n_k	$x_{11}, x_{12}, \cdots, x_{1n_1}$

$\bar{\bar{x}}$：x全体の平均，$\bar{x}_i$：i番目の処理のxの平均

出して，最後に残った説明のつかない分散とを比べて，それぞれがどのくらい効果があるのかを考えるのである（表13.4）．

ここに処理がk種類あるとする．それぞれの処理でn_i個のデータがある．それぞれのデータをx_{ij}とする．これはi番目の処理のj番目のデータを示す．処理による違いが大きければ$\sum$（各処理のxの平均$-x$全体の平均$)^2$ すなわち$\sum(\bar{x}_i-\bar{\bar{x}})^2$が大きくなる．処理平均が同じであればこの値は0となり，各処理の効果に大小があればこの値は大きくなる．これを処理間の平方和という．次に各処理だけに注目した平方和を求めると，$\sum(x_{ij}-i$番目の処理のxの平均$)^2$ すなわち$\sum(x_{ij}-\bar{x}_i)^2$となり，これは処理の違いとは直接は関係がなく，処理内でのばらつきをあらわす処理内の平方和という．処理内の平方和は$\sum(x_{ij}-\bar{x}_i)^2$，処理間の平方和は$\sum(\bar{x}_i-\bar{\bar{x}})^2$，全体の平方和は$\sum\sum(x_{ij}-x$全体の平均値$)^2$，すなわち$\sum\sum(x_{ij}-\bar{\bar{x}})^2$となり，全体の平方和＝処理内平方和＋処理間平方和とあらわすことができる．これをまとめたのが表13.5である．

同じ正規分布する母集団からの標本の分散比はF分布にしたがうという性質を使えば，2つの分散の比〔（処理間の平方和）／$(k-1)$〕／〔（処理内の平方和）／$\sum_{i=1}^{k}(n_i-1)$〕は処理平均に差がないという帰無仮説のもと，F分布にしたがう．F分布では2つの分散が等しくなる頻度（$F=1$）がもっとも高く，2つの分散の値が離れる頻度は小さい．このF値の大小によってグループ間の分散の差に意味があるのかどうかを検証するのである．処理の効果がまったくなければF値は1に近づき，F値が大きければ処理の効果があるということになる．

個々のデータは$x_{ij}=\mu+\alpha_i+\varepsilon_{ij}$という式（モデル）で表現できる．$x_{ij}$は$i$番目の処理の$j$番目のデータ，$\mu$は全体の平均，$\alpha_i$は$i$番目の処理の効果，$\varepsilon_{ij}$は処理平均からの個々のデータのずれをあらわす．処理のタイプには母数（固定型）模型と変量（無作為型）模型の2タイプあり，母数模型ではグループ間の平均値の差は処理効果によるものと考える．具体的には固定された処理であり，繰り返すことができ

表 13.5 データの分散分析表

変動要因	自由度	平方和	平均平方（分散のこと）	
処理	$k-1$	処理間の平方和	（処理間の平方和）$/(k-1)$	k 個のグループの平均の総平均の回りの変動
残差	$\sum_{i=1}^{k}(n_i-1)$	処理内の平方和	（処理内の平方和）$/\sum_{i=1}^{k}(n_i-1)$	個体平均平方，誤差平均平方 グループの平均の周辺における観測値の変動の平均
合計	$\sum_{i=1}^{k}n_i-1$	全体の平方和		全観測値の平均の周辺の変動

る効果，すなわち実験の結果や実験者がその要因を意識的に操作できる薬品効果など，ある要因のさまざまな量の効果をみる場合にあてはまる．一方，変量模型は $Y_{ij} = \mu + A_i + \varepsilon_{ij}$ とあらわされる．ε_{ij} は平均値 $\overline{\varepsilon_{ij}}=0$ と分散 $\sigma_\varepsilon^2 = \sigma^2$ をもつ正規分布する変数であり，A_i はすべての ε_{ij} と独立な平均値 $\overline{A_i}=0$，分散 σ_A^2 をもった正規分布する変数と考える．母数模型との違いは，固定された処理効果 α_i の代わりに偶然の効果 A_i を考えることであり，この効果について大きさをグループごとに求めたり，グループ間の違いをみても無駄であるが，その分散 σ_A^2 を推定することはできる．品種の草丈の比較などはこれに当たる．分散分析を理解するためには，このようなモデル式を理解する必要がある．

母数模型と変量模型

みかんの品種を5つ選んで，その果実の大きさを比べるとする．この場合，ある基準で品種を選んだとすると5つの品種（処理）の平均値の推定と比較が目的であれば，処理の効果（母数効果）は一定であり，誤差以外の効果はすべてこれにもとづくことになる．この場合，母数模型にもとづく分散分析になる．一方，調査した5品種が何らかの基準にもとづくものではなく，多数ある品種からなる母集団から無作為に選ばれたとする．このとき分散分析の目的は，品種間の比較ではなく，これらが選ばれた母集団における品種間分散の有無，あるいはその大きさの推定になる．この場合，分散分析は変量模型にもとづくことになる．

■コラム■ できすぎと考えられたメンデルの実験

　形質がメンデル遺伝にしたがうとき F_2 世代における形質の分離比が優性3に対し，劣性1であることはよく知られている．統計学の元祖である英国の科学者フィッシャーは，メンデルの論文の結果に対し，疑問を投げかけた．メンデル論文中の分離データを χ^2 検定という統計手法によって解析した結果，期待される分離から有意に離れることはないが，合いすぎているとするものである．つまり，合いすぎていて怪しいということである．著名な統計学者の一言は話題を呼んだ．しかし，その後，多くの研究者によってエンドウを使った遺伝実験がなされ，それらと比較してもメンデルのデータに偽りはなかったとされている．統計学における検定は，帰無仮説のもとではありえない低い確率の事象が生じたときに帰無仮説を棄却するものであって，帰無仮説に合いすぎているかどうかを検定するものではない．メンデルの論文に触れてみると，我々が当たり前に思っている分離の法則が並々ならぬ努力によって導かれていることがよくわかる．

14 集団遺伝学と進化系統学

〔キーワード〕 無作為交配，近親交配，遺伝的浮動，適応，分子系統樹

生物の進化や自然選択の問題，あるいは実験できない自然集団の遺伝構造を解析する場合に，単純にメンデルの法則を利用する古典遺伝学は役に立たないように思えるが，実はそうではない．自然集団から得られたデータの解析にもメンデル遺伝学が使われている．遺伝法則を自然集団など生物集団全体に適用しているのが集団遺伝学である．また，地球上に存在する数百万ないし数千万種といわれる多様な生物はすべて30億年にわたる生物進化の結果生まれたものであるが，このような生物の多様性を記述・解析する手段として進化系統学がある．特に近年発達している分子系統学（molecular phylogeny）に焦点を当てることにする．

14.1 集団とは？

集団（population）は，一定の地理的な範囲に存在する同じ種の個体の集まりである．その地理的範囲は大陸規模から特定の島など限られたものまであるが，集団が広範囲にわたっている場合には，地理的特徴などによってさらにいくつかの分集団（subpopulation）に分けられることが多い．これらの集団間でまったく遺伝子の交流がないとは考えにくい．集団遺伝学でいう分集団は，共通の遺伝子供給源をもつ個体からなる有性繁殖集団である．すなわち，集団遺伝学的に関心がもたれる分集団とは，その集団内で交配相手が見つけられるものであり，そのような集団を地域集団と呼ぶ．集団内の全個体がもつ遺伝情報が遺伝子プールである．

遺伝構造
集団の中に遺伝子がどのような頻度で存在するかという遺伝子頻度や，どのような遺伝子型の個体がどれくらいの割合で存在するのかという遺伝子型頻度などを，遺伝構造という．遺伝構造は，選抜や遺伝的浮動，突然変異などにより世代にともなって変化していく．集団遺伝学は遺伝構造そのもの，あるいは世代にともなうその変化を解析する学問といえる．

遺伝子供給源
遺伝子プールとも言い，一般的には有性生殖している集団がもっているすべての遺伝情報のことを示す．作物と近縁野生種とを，生殖的な隔離の程度にもとづいて，栽培種とその祖先野生種の一次プール，作物種と雑種をつくることは可能であるが不稔などが生じる二次プール，雑種をつくることがかなり難しい三次プール，とに分ける考え方もある．

14.2 集団の進化のしくみ

a. 無作為交配

集団の遺伝的構成を示すときに使われるのが対立遺伝子頻度である．対立遺伝子とは，同一の遺伝子座を二者択一的に占有することのできる2個以上の遺伝子のひとつのことを指す．100個体からなる集団のある遺伝子座の2つの対立遺伝子 A と a を考える．遺伝子型としては AA, Aa, aa の3種類が考えられる．AA が36個体，Aa が48個体，aa が16個体だとする．つまり，その遺伝子型の頻度は AA 0.36, Aa 0.48, aa 0.16 である．AA と aa からはすべて A あるいは a の配偶子がつくられ，Aa からは A と a をもつ配偶子が半分ずつつくられる．したがって，次世代では A の頻度は 0.36 + 0.24 = 0.60, a の頻度は 0.16 + 0.24 = 0.40 である．これらの値は集団の遺伝的情報として，1) 3種類の遺伝子型に属するそれぞれの数およびその相対比である遺伝子型頻度 (genotype frequency), 2) 対立遺伝子 A と対立遺伝子 a の数およびその相対比である対立遺伝子の頻度，すなわち遺伝子頻度 (gene frequency) を示している．遺伝子型頻度も遺伝子頻度も合計は1になる．ある対立遺伝子について対立遺伝子頻度が1であるような集団は，その対立遺伝子について固定しているといい，0である場合には消失しているという．

配偶子が無作為に組み合わされると仮定すると，次世代の遺伝子型は対立遺伝子 A の組合せ AA 0.6 × 0.6 = 0.36 という頻度になり，対立遺伝子 A と対立遺伝子 a の組合せ Aa は 2 × 0.6 × 0.4 = 0.48, 対立遺伝子 a の組合せ aa は 0.4 × 0.4 = 0.16 の頻度になると期待され，集団の遺伝子型頻度は親世代と変わらない．このような集団を平衡集団という．一方，ある集団で遺伝子型頻度が AA 0.44, Aa 0.32, aa 0.24 であるとき，対立遺伝子 A の頻度は 0.6, 対立遺伝子 a の頻度は 0.4 となる．次世代の遺伝子型頻度は AA 0.36, Aa 0.48, aa 0.16 となり，これ以降の世代からは平衡集団となる．この場合，当初の集団は非平衡集団であるという．ある地域集団において，各個体が遺伝子型に関係なくペアをつくっているときに，この集団は無作為交配（任意交配，random mating）を行っているという．無作為交配集団では，①遺伝子頻度は変化せず，②遺伝子型頻度は遺伝子頻度を二項展開した形であらわすことができる．上記の例でいえば $(0.6\,A + 0.4\,a)^2$ = 0.36 AA + 0.48 Aa + 0.16 aa となる．この結果はハーディ (1908) とワインベルグ (1908) がそれぞれ見つけた法則であり，ハーディー

ワインベルグの法則（Hardy-Weinberg Law）と呼ばれている．この法則はいくつかの仮定にもとづいて成り立っている．すなわち，①対象とする個体は二倍体，②生殖は有性生殖，③世代は重なり合わない，④集団のサイズがきわめて大きく，世代間で偶然による遺伝子頻度の変動はない，⑤集団に他集団から個体あるいは遺伝子が移住してくることはない，⑥集団内の突然変異程度は無視できるほど小さい，⑦集団に遺伝子頻度を変えるような自然選択が生じない，などである．なお，この法則は複対立遺伝子にも適用できる．

自然集団において，上記の仮定がすべて満たされることは期待できない．観察の結果，この法則から期待できる頻度と大きく異なるような場合に，我々はその集団に何らかの上記の仮定が否定されるような現象が生じたと考えることができる．

b. 近親交配

近親交配（inbreeding）とは，いとこ同士，親子など近縁関係にある個体間の交配のことである．近親交配によってヘテロ接合の子孫の頻度が無作為交配の場合よりも低くなる．植物において繰り返し自家受精がなされるような場合に近親交配の影響はきわめて大きくなる．初期集団が Aa のヘテロ接合体だけで構成されているとする．各個体は自家受精によってのみ子孫を残すとすると，その子供たちの遺伝子型頻度は $(1/4) AA, (1/2) Aa, (1/4) aa$ の割合になる．すなわち，自家受精によってヘテロ接合体の集団中の頻度は半分になる．次の世代ではヘテロ接合体の個体のみが再びヘテロ接合体の子供をつくれるが，その頻度は全子供数の半分となる．すなわち自家受精によって毎代ヘテロ接合体は半減していく．

自家受精はもっとも強い近親交配であるが，他家受精をする生物集団においても近親交配によるヘテロ接合体の減少は生じる．近親交配の効果はヘテロ接合体の減少程度によって示すことができ，その尺度として近交係数（F：inbreeding coefficient）がある．今，ここに近親交配をしている集団におけるある遺伝子座の2つの対立遺伝子 A と a を考え，それぞれの遺伝子頻度を p, q であるとする．実際の集団のヘテロ接合の遺伝子型頻度を H_1 としたとき，近交係数 F は無作為交配のもとで期待されるヘテロ接合体の頻度 $2pq$ と H_1 の差の $2pq$ に対する比であり，次の式になる．

$$F = \frac{2pq - H_1}{2pq}$$

この式をヘテロ接合体の頻度に注目して変形すると $H_1 = 2pq(1 - F)$

となる．この式は，近交係数が F である生物集団において，ヘテロ接合の遺伝子型頻度が無作為交配に比較して F の分だけ減少することを意味しており，結果としてホモ接合の遺伝子型頻度は増加する．近親交配が見られる集団の全体の遺伝子型頻度は以下のようになる．

遺伝子型 AA の頻度 $= p^2(1-F) + pF$
遺伝子型 Aa の頻度 $= 2pq(1-F)$
遺伝子型 aa の頻度 $= q^2(1-F) + qF$

対立遺伝子 A の頻度 p は次式のようにあらわされ，F にかかわらず変化しないことがわかる．

$$\{p^2(1-F) + pF\} + \frac{1}{2}\{2pq(1-F)\}$$
$$= (p^2 + pq)(1-F) + pF = p(p+q)(1-F) + pF$$
$$= p(1-F) + pF = p$$

近親交配がないとき，すなわち $F = 0$ のときは遺伝子型頻度は $AA:Aa:aa$ が $p^2:2pq:q^2$ となる．一方完全な近親交配のとき，すなわち $F = 1$ のときは集団には AA と aa の遺伝子型のみが存在し，それぞれの頻度は p, q となる．近親交配の影響は，たいていの種で有害であるが，自家受精を続けている植物種では多くの遺伝子座ですでにホモ接合になっており，有害遺伝子は淘汰されている．この有害遺伝子は集団中にきわめて低い頻度で存在し，近親交配がなければホモ接合にならない．したがって，他殖性の生物集団では，個体数が多いときは集団中に保有され続けることになる．

14.3 集団の変化

進化（evolution）を集団の遺伝子プールの変化としてとらえることができる．この変化は，遺伝子に自然に生じる変化である突然変異，大きな集団の分集団間に生じる生物の移動，生物集団それぞれがおかれた環境で生存し，子孫を残す能力の違いによって生じる変化である自然選択，小集団でよく見られる偶然によってひきおこされる対立遺伝子頻度のランダムな変化などの要因で生じる．

a. 突然変異・移住

生物集団内に生じる遺伝的変異は，突然変異（mutation）による．他集団からの移住も従来なかった遺伝的変異を集団にもたらすが，その変異は由来する集団において生じた突然変異にもとづいている．すなわち，突然変異が進化の源になる遺伝的変異をもたらす重要な要因

である．しかし，その頻度は低く，またその効果は生物種にとって有害なことが多いため，変化させる力としてはあまり強いものではない．ある種が進化し続けるには一定量の突然変異を必要とするが，突然変異率があまり高いと集団の存続が危うくなってしまう．もちろん，突然変異の中には生存や生殖能力に影響せず，自然選択に対して中立な突然変異が存在する．集団の多様性を把握するのに用いられるDNA多型などはこの中立な突然変異を利用していることが多い．一方，移住（migration）も分集団に新しい遺伝子を導入する意味では突然変異と同じ働きをするが，移住の役割としては，分集団間の遺伝的分化に関与することの方が重要であろう．分集団間の遺伝的な分化とは，それぞれがもっている対立遺伝子の頻度が集団によって異なること，あるいは集団個有の対立遺伝子をもっていることを意味する．しかし，移住によって遺伝子が交流すれば，その分化の蓄積は抑えられることになる．移住の効果は大きく，少数の移住でも遺伝的分化を抑制することが知られている．突然変異の出現および分集団間の移住の程度によって集団の分化程度が決まってくるが，さらに各集団における自然選択が進化の方向性や速さを決める重要な要因となる．

b. 遺伝的浮動

実際の集団の個体数が無限であることはありえず，有限である．そのため遺伝的浮動（random genetic drift）が生じる．生物は，どの世代においても無限個の配偶子プールをつくると考えられる．植物における胚珠と花粉の数を考えてみると理解できよう．もし集団のサイズが無限であって，配偶子の受精能力に差異がなければ，配偶子の対立遺伝子頻度と接合体の対立遺伝子頻度は同じになるはずである．しかし，実際には集団は有限であり，無限個の配偶子の一部だけが次の世代に伝わることになる．すなわち，サンプリング誤差が生じるのである．24色のクレヨンが同じ頻度で無限個あったとして，そこから10000本選ぶとすると，選ばれたクレヨンの色はほぼ同数と考えられる．ところが，20本だけ選ぶとしたら選ばれない色もあるし，選ばれたクレヨンが1本ずつとはならない．このような現象が生物の世代間で生じるのである．

図14.1は，集団の大きさと遺伝的浮動の関係をあらわしている．図は集団の大きさが20と100の場合で，各個体が100粒ずつ種子を残し，そのうちランダムに20個体と100個体が選ばれる場合である．個体数20の場合には対立遺伝子A, aの頻度がそれぞれ0.5から始まり，無作為交配がなされ，各個体100粒の種子すなわち総計2000種

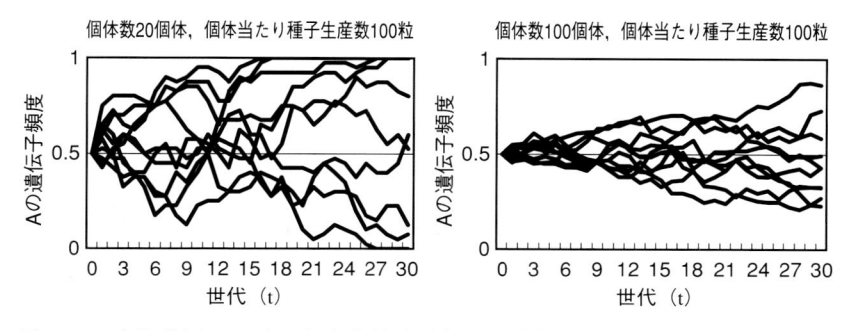

図 14.1 有限集団における中立的対立遺伝子の遺伝的浮動による遺伝子頻度の変遷（筑波大学　北本尚子氏提供）

子が生じ，そのうち20個体だけが生き残るという想定である．図中のそれぞれの線は，分集団の対立遺伝子頻度の変動をあらわしており，これを見ると遺伝的浮動の結果生じる対立遺伝子頻度の浮動は明らかである．集団の大きさが小さいほど世代ごとの変動も大きくなる．30世代目における各分集団における対立遺伝子頻度は0から1まで広いが，それらの平均は初期値とほぼ同じ0.5となる．遺伝的浮動は対立遺伝子頻度を変動させる重要な要因であり，個々の分集団では対立遺伝子頻度はランダムに変動するが，多数の分集団について十分長い世代をみると，突然変異や自然選択，移住，あるいはヘテロ個体がより多く子孫を残すことなどがなければ，それぞれの分集団で対立遺伝子の固定あるいは消失があったとしても全体の頻度は初期値と同じになる．すなわち，遺伝的浮動によって特定の対立遺伝子が最終的に固定する確率は，その遺伝子の初期値の頻度に等しくなる．

　遺伝的浮動は集団の大きさが有限である限り常に働いているが，特に集団が非常に小さいとき顕著になる．集団の個体数が急激に減少する際にうける影響をびん首効果（bottleneck effect）という．また，新しい集団が元の集団から離れ，新しい地に新しい集団として創生されるときにもその集団の大きさは非常に小さくなると考えられ，このようなときにも遺伝的浮動の影響を強くうける．これを創始者原理（founder principle）と呼ぶ．集団の遺伝子型が集団ごとに偏っている場合には，自然選択と同時に遺伝的浮動の可能性も否定できない．

c. 自然選択・適応度

　自然選択（natural selection）は，生物がある環境下で生存し，生殖できる能力，すなわち適応能力が遺伝的に異なっていることによってひきおこされる．自然選択の考え方は1859年にダーウィンによって提唱されてから始まる．自然選択の考え方，あるいは適応の考え方

をまとめると，すべての生物において，生存して次世代を残せる個体数よりも多くの子孫がつくられていること，生存と生殖の能力は個体によって異なり，その違いの一定部分は遺伝的な違いによること，ある環境において有利な個体，すなわち遺伝子型は他の遺伝子型より多く生き残り，多くの対立遺伝子を残すことなどがあげられる．

集団において対立遺伝子の生存あるいは有害遺伝子の淘汰の問題を考えるときには以下のようなモデルを考える．

遺伝子型	AA	Aa	aa	平均
頻度	p^2	$2pq$	q^2	
相対適応度	1	$1-hs$	$1-s$	
頻度×相対適応度	p^2	$2pq(1-hs)$	$q^2(1-s)$	W

ここで相対適応度は，特定の遺伝子型の個体が，次世代に残す平均的な子供数の相対的な値である．s は aa 遺伝子型の適応度への効果，h はヘテロ接合型の適応度への効果であり，W は平均適応度になる．したがって，

$$W = p^2 + 2pq(1-hs) + q^2(1-s) = 1 - sp(q+2ph)$$

このとき次代における A 遺伝子の割合 p' は $p+q=1$ だから

$$p' = \{p^2 + pq(1-hs)\}/W = p(1-qhs)/W$$

次世代の p が求められ，その変動が世代を追って求められる．対立遺伝子 A が優性で $h=0$ ならば AA と Aa は同じ表現型になる．$h=1$ ならば対立遺伝子 A は劣性，$h=1/2$ であれば優劣に関係がない．ヘテロ接合体が最良のホモ接合体より適していたら h は負の値をとることがある．また式から，劣性の対立遺伝子への選択は，その頻度がごく低いときほとんど効果がないことがわかる．図 14.2 は $h=0.5$, $s=0.5$ の場合と $h=0.5$, $s=0.2$ の場合における A 対立遺伝子頻度の変化を示している．s の値が大きいほう，すなわち aa 遺伝子型が環境に対して不利であるほうが A 対立遺伝子の固定が早いことがわかる．

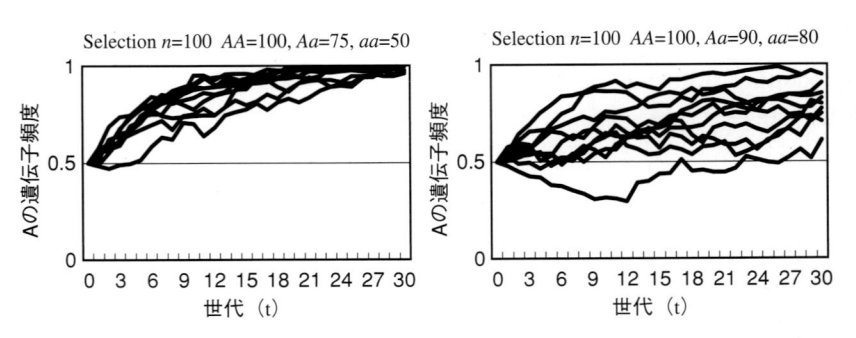

図 14.2 無作為交配を行う二倍体生物において選択的に有利な対立遺伝子の頻度変化（筑波大学　北本尚子氏提供）

d. 遺伝的多型

遺伝的多型（genetic polymorphism）とは，同一の生物集団に含まれる正常な個体に関して，不連続な遺伝的な変異が存在することである．形や色など可視形質やタンパク質を支配する遺伝子については，2つ以上の対立遺伝子が存在することをいう．また，DNA多型は必ずしも遺伝子の多型を示すわけではない．特定のゲノム領域における塩基配列が2種類以上存在することをさして遺伝的多型という．しかし，2つ以上の対立遺伝子が存在することを多型といえば，ほとんどすべての生物集団は多型であるということになる．集団遺伝学では，集団に変異が存在していてもその頻度がきわめて低い場合には遺伝的多型と呼ばず，最も高い頻度で存在する対立遺伝子の頻度が99％以下のときに遺伝的多型と呼ぶことが多い．

遺伝的多型が集団中に存在する場合として，①超優性の遺伝子が自然選択によって維持されている場合，②環境変動によってこれまで有利であり高頻度であった遺伝子が不利になり減少していく途中で見られる場合，③狭い地域内での微小環境の違いが局所的な自然選択として作用して異なった遺伝子型が集団中に共存する場合，④頻度の低い対立遺伝子が自然選択に対して有利になるような頻度依存型選択がおきる場合，⑤自然選択に中立な遺伝子の頻度を偶然高めるような遺伝的浮動が作用する場合，などがあげられる．

14.4 分子系統樹

スウェーデンの博物学者リンネによって創設された生物の人為分類である植物分類学が創設されて以来，個々の分類群において種を区別できる形態的特徴，例えば植物では花の構造や動物における歯の構造などによって分類体系が組み立てられてきた．しかし，このような手法ではもともと動的な生物を固定的にとらえるという意味で矛盾をひきおこすことも多い．形態的特徴のうち，たまたま生育環境が似通っていたため形態も良く似てくるという収斂進化がある．その結果生じる同形形質を用いると，分類は系統関係とは異なるものになってしまう．また，形態形質の評価には高度な形態学的な知識を要するため，分類はきわめて高度な作業となっていた．分類は，判別がその主題ではなく，生物の進化を反映するものとしてとらえられる．系統進化の考え方は，あらゆる生物はひとつの祖先から分かれて進化してきたものとする考え方である．その進化の道筋は系統樹（genealogical tree）として描くことができる．系統樹の発想はドイツの生物学者ヘッケル

に始まり，現在に至っている．系統樹を作成する素材として，従来は形態変異が主流であったが，その後，アイソザイムやDNAマーカーが用いられるようになった．分子進化中立説が提唱されて，表現型の進化とは違い，多くの遺伝子は一定の頻度で突然変異（塩基置換）を蓄積することを利用している．地球上の生物は，すべて遺伝情報の記録と伝達にDNA，RNAを用いている．そこで，すべての生物が共通にもっている遺伝子の塩基配列を比べることで，生物の近縁関係を知ることができる．DNAの違いが大きいほど共通祖先から分岐してからの時間が長いということになる．

よく用いられる遺伝子としては，葉緑体遺伝子の *rbcL* や *matK*，種々の核遺伝子などがある．前者は塩基置換しにくいため比較的遠縁の関係，後者は近縁の関係を解析するのに用いられることが多い．またより近い，種内の関係を解析するにはゲノム全体の多型を網羅する必要があり，この目的にはRAPD（random amplified polymorphic DNA）やAFLP（amplified fragment length polymorphism），SSR（simple sequence repeat）などが用いられている．

実際に分子系統樹を作成するためにさまざまな手法が開発されている．ここでは，代表的ないくつかについて事例を紹介するにとどめることにする．さらに詳細な説明が必要な場合には，長谷川・岸野（1996）を参照するとよい．

系統樹作成法はこれまでに多数提案されているが，扱うデータの性質によって距離行列法と形質状態法に大別される．距離行列法は，文字どおり進化距離などの「距離」を，比較するすべての「操作上の分類単位」（operational taxonomic unit；OTU）のペアで推定した「距離行列」を用いる．このOTUは，生物種，集団，遺伝子の配列など何にでも当てはまる．代表的な距離行列法にUPGMAと近隣結合法（NJ法）がある．

分子系統樹は複数の配列間の分子進化の過程を系統樹として示したものであるが，アミノ酸配列や塩基配列から分子系統樹を作成するためには，通常，それらの配列のマルチプルアラインメント（multiple alignment）を作成し，配列間の遺伝距離行列を作成することになる．遺伝距離行列から分子系統樹を作成する方法としては，最節約法，近隣結合法，UPGMAなどがよく利用されている．分子系統樹を作成するときに比較すべき配列を選定する必要があるが，通常は同じ遺伝子あるいはよく似た配列などの「相同な配列」（homologous sequence）同士を比較する．マルチプルアラインメントは，比較すべき配列を並べてどこが異なっているのかを明らかにする作業である．

距離行列
配列の違いを進化距離（evolutionary distance）という数値であらわし，これを要素とする行列のことである．例えば10塩基からなる3種類の相同配列（SeqA，SeqB，SeqC）を比較したときに（**表14.1**），「塩基の異なる割合を距離とする」とすれば，SeqAとSeqBの進化距離は10塩基中，2塩基が違うので2（置換塩基数）/10（全塩基数）= 0.2，SeqAとSeqCでは10塩基中，5塩基が違うので5/10 = 0.5となる．このような距離行列では，自分同士（SeqAとSeqA）の進化距離は0になり，距離行列（**表14.2**）が得られる．実際の解析ではいろいろな進化距離が用いられる．

表 14.1　マルチプルアラインメントの例

Seq A	G	G	C	T	C	A	G	C	T	C
Seq B	A	G	C	T	G	A	G	C	T	C
Seq C	A	G	A	T	G	G	G	T	T	C

表 14.2　距離行列

	Seq A	Seq B	Seq C
Seq A	0		
Seq B	0.2	0	
Seq C	0.5	0.3	0

　距離行列法の代表として UPGMA（unweighted pair-group method with arithmatic mean）法がある．この方法のもとになるのも距離行列である．UPGMA では一番系統の近いもの，そして次に近いものと段階的に系統をつないでいき，最後はその系統の祖先を示す．この祖先を「根」と見たてて，このようなタイプの系統樹は「有根系統樹」と呼ばれる．このような系統樹をみる場合，縦軸は単なるつながりを示すため，進化距離とは無関係である．一方，横軸は進化距離を示すスケールにもとづく「枝」であり，その長さは「枝長」と呼ばれ，距離行列で一番近いものをあわせて新たな行列を計算するという繰り返しの中で決定されていくが，その際に互いの距離は平均値として計算されている．

　もう1つの距離行列法として，近隣結合法（neighbor-joining method；NJ 法）がある．この方法では，互いの系統関係がわからない状態からはじめ，次にすべての配列（種）を1対1の総当たりで距離の和を計算し，この和が最小値を示すもの同士を「近隣」として1つにまとめていく．これを繰り返すことで全体を1つの樹形につくっていく．

　国内のサクラソウ自生集団について，その系統関係をマイクロサテライト変異を用いて明らかにした例を図 14.3 と図 14.4 に示す．図 14.3 が近隣接合法，図 14.4 が UPGMA にもとづく．これらは NJ と UPGMA という2つの異なる方法で集団間の遺伝的類似性を推定しているが，両方の方法で共通して支持された集団間の遺伝的類似性の方がより確からしい結果であると考えられる．例えば NJ と UPGMA で共通して信濃町 A-八ヶ岳や田島ヶ原-上尾などの分岐が支持されていることから，これらの集団は確かに他の集団に比べて遺伝的に近いと推察される．広域的にみると，例えば地域内での集団の分岐順番な

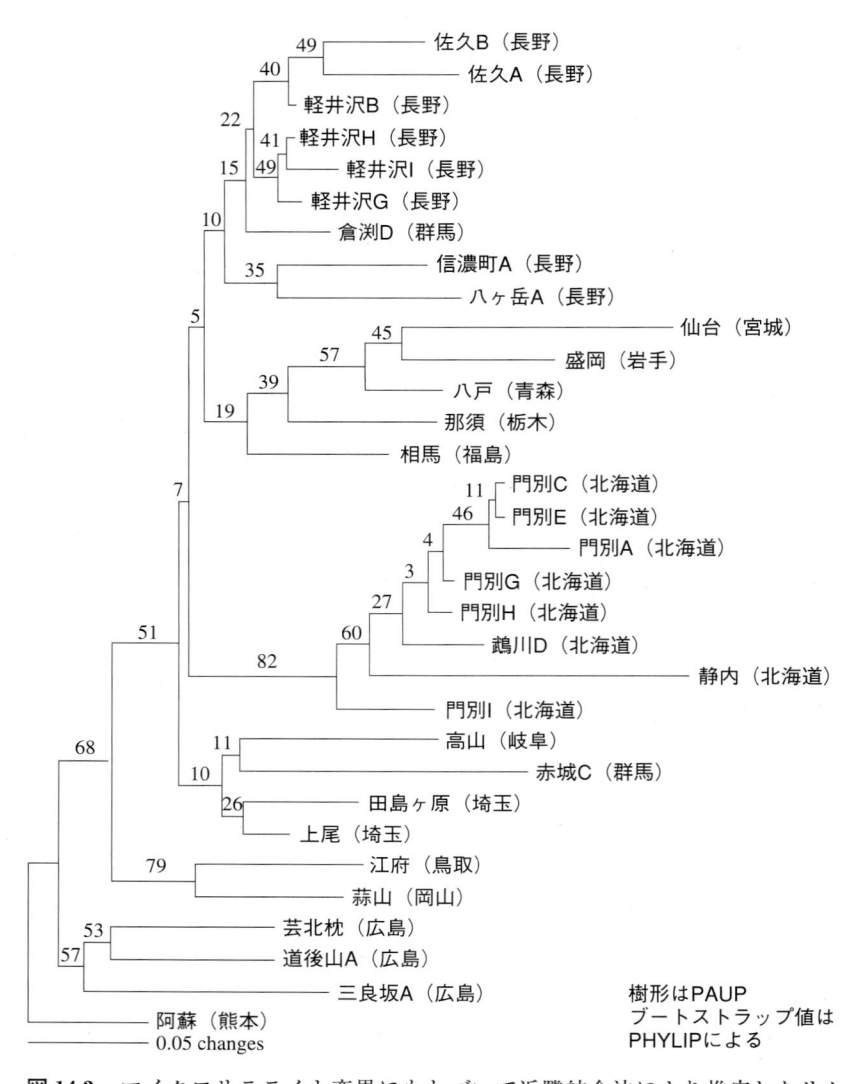

図 14.3 マイクロサテライト変異にもとづいて近隣結合法により推定したサクラソウ野生集団の遺伝的関係（東京大学　本城正憲氏提供）

8 遺伝子座のマイクロサテライト変異にもとづいて算出された集団ペア間距離から近隣結合法によるクラスター分析を行った．枝の上の数字は 1000 反復ブートストラップ確率を示す．

どは違っているものの，NJ，UPGMA どちらの方法でも北海道の 8 集団が 1 つのクレード（単系統群）にまとまっていることから，北海道内の集団は他地域の集団に比べて互いに遺伝的に類似していると推察できる．一方，東北地方に注目すると，NJ では相馬，那須，八戸，盛岡，仙台の 5 集団が 1 つのクレードにまとまっているが，UPGMA では，八戸，盛岡，仙台の 3 集団のみが 1 つのクレードにまとまっている．このことから，東北地方の集団は遺伝的に近い傾向はあるものの，特に八戸，盛岡，仙台の 3 集団が遺伝的に近いと考えられる．

14.4 分子系統樹

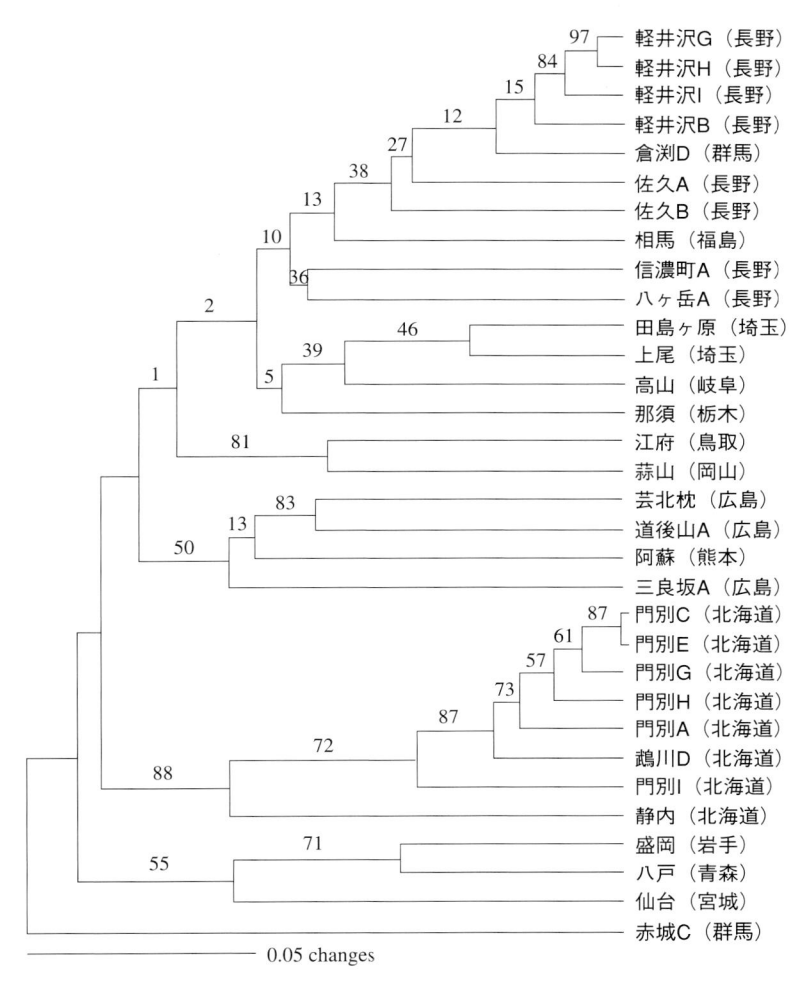

```
           ┌── 軽井沢G（長野）
        97 │
        ┌──┤── 軽井沢H（長野）
     84 │  │
        │  └── 軽井沢I（長野）
     15 │
        ├───── 軽井沢B（長野）
     12 │
        ├───── 倉渕D（群馬）
     27 │
        ├───── 佐久A（長野）
     38 │
        ├───── 佐久B（長野）
     13 │
        ├───── 相馬（福島）
     10 │
        │    ┌── 信濃町A（長野）
     36 └────┤
              └── 八ヶ岳A（長野）
```

（以下は図14.4の系統樹。ブートストラップ値：2, 1, 39, 46, 5, 81, 50, 13, 83, 88, 72, 87, 73, 57, 61, 87, 55, 71 など）

地名：田島ヶ原（埼玉），上尾（埼玉），高山（岐阜），那須（栃木），江府（鳥取），蒜山（岡山），芸北枕（広島），道後山A（広島），阿蘇（熊本），三良坂A（広島），門別C（北海道），門別E（北海道），門別G（北海道），門別H（北海道），門別A（北海道），鵡川D（北海道），門別I（北海道），静内（北海道），盛岡（岩手），八戸（青森），仙台（宮城），赤城C（群馬）

――― 0.05 changes

図 14.4 マイクロサテライト変異にもとづいて UPGMA により推定したサクラソウ野生集団の遺伝的関係（東京大学　本城正憲氏提供）
樹形は PAUP，ブートストラップ値は PHYLIP による．しかし PAUP で構築された樹形の分岐に対応するブートストラップ値が PHYLIP で出てきていない場所がある．

　距離行列法と並ぶもう1つの系統樹作成法に形質状態法がある．「形質状態」とは，DNA の塩基であれば，配列の特定のサイトの塩基が A, G, T, C のどれであるか，まさに形質の状態を示す．それが長く連なった配列が1つの OTU データとなる．形質状態法の1つに，最尤法（maxcimum likelihood method）がある．分子進化学で用いる形質としては，塩基配列やアミノ酸配列がある．塩基配列ならば，マルチプルアラインメントが形質状態法で用いるデータとなる．代表的な形質状態法である最節約法（cladistic persimony）は，生物の形質データが与えられたときに，系統樹全体にわたる形質状態の変化総数が最小になる系統樹を選び出す方法である．分子データでは，対象と

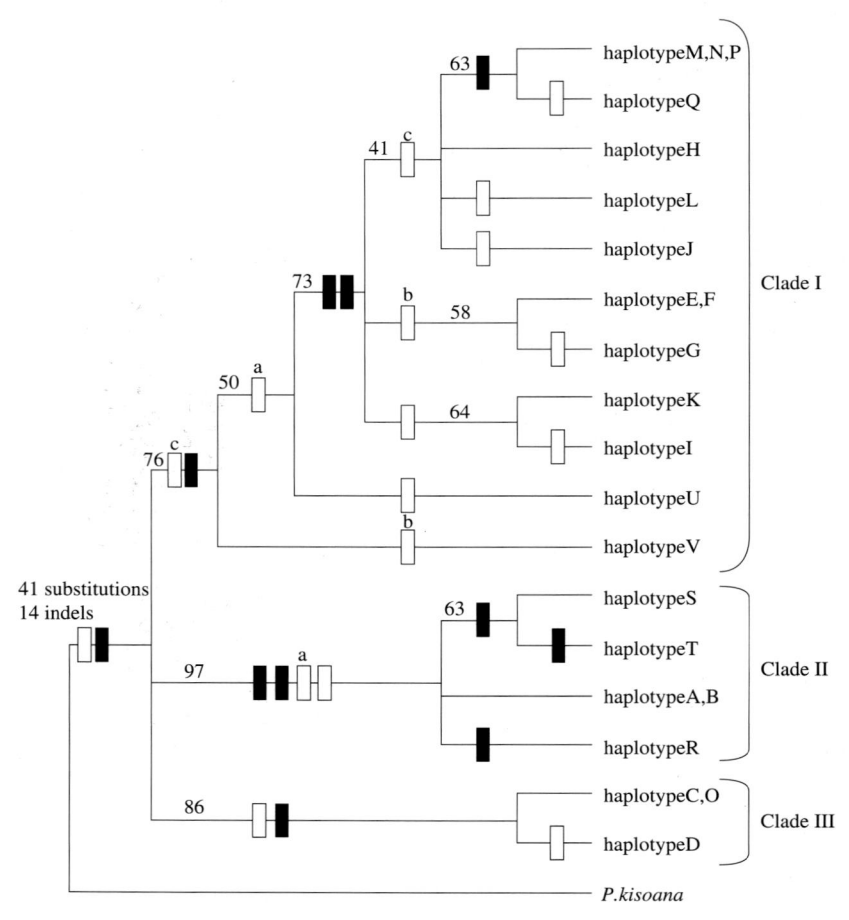

図 14.5 サクラソウ野生集団から見出された葉緑体 DNA ハプロタイプの最節約法による系統推定（東京大学　本城正憲氏提供）
葉緑体 DNA の 5 カ所の非コード領域の塩基配列にもとづいて構築された 2 個の最節約系統樹の合意樹を示す．2 個の最節約系統樹のうちの 1 つは厳密合意樹と樹形が同じである．黒四角は塩基置換を，白四角は挿入・欠失をあらわし，枝の上の数字は 10000 反復ブートストラップ確率を示す．

する DNA の塩基配列について，もっとも少ない置換数で現在の配列を説明するように共通祖先を探っていく方法といえる．このときに，非相同的類似性はもっとも少なく，系統樹の樹長は最短になる．この手法は，ある仮説を選択するときに，データとの矛盾を説明する特別な仮定をもっとも少なくする仮説を選ぶという最節約原理という基準にもとづいている．この手法については PAUP というソフトも開発され，普及している．一般に複数の分枝パターン（トポロジー）が得られるため，すべてに共通な部分を取り上げた合意（コンセンサス）系統樹が用いられる．**図 14.5** はサクラソウの葉緑体 DNA の配列情報から得られたハプロタイプの系統樹である．日本に現存するサクラソウが大きく 3 種類のクレードから構成されていることがわかる．

このようにして得られた系統樹の信頼性を統計的に調べる方法としてブートストラップ法がよく使われる．

文　　献

1) 長谷川政美・岸野洋久（1996）：分子系統学，岩波書店．

■コラム■　選択の様式

　集団中のさまざまな表現型変異に自然選択がかかるとき，いつもただ1つの表現型が選ばれるわけではない．表現型と適応度の関係によって選択は主に3つの様式に分けられる．もし極端な表現型がもっとも適応度が高ければ，選択と表現型の関係は単調減少，あるいは単調増加となり，この場合を方向性選択（directional selection）という．中間の表現型がもっとも適応度が高ければ安定化選択（stabilizing selection, balancing selection）である．もし，2つ以上の表現型の適応度が高く，その中間の表現型の適応度が低ければ分断選択（disruptive selection）である．

15 遺伝学の応用——植物育種の成果と可能性

〔キーワード〕 育種,植物育種の成果と問題点,遺伝子組換え作物,植物育種の可能性

　イネの「コシヒカリ」やリンゴの「ふじ」などはよく知られた品種である.品種の育成を育種(品種改良)といい,育種は遺伝学の応用分野である.「コシヒカリ」や「ふじ」などの大部分の品種は,メンデルの法則を基礎とした古典遺伝学的知識をもとに育成されたものであり,最近では,分子遺伝学の知識をもとに遺伝子組換え技術を利用して品種が育成されつつある.育種の理論や方法などの詳細は,育種学の教科書が多数出版されているので参照されたい.ここでは,遺伝学を基礎とした植物育種の成果と問題点,および今後の可能性について紹介する.

15.1　植物育種の成果

　現在日本で広く栽培されているイネ品種の大部分は,交雑育種により育成されている(図15.1).交雑を行う両親には,品種あるいは品種になれなかった育成系統が用いられる.交雑したF_1から自殖(自家受精による種子繁殖)により,F_2,F_3と世代を進め,F_{10}前後の段階で新品種とする.世代を進める過程で,遺伝的に優れた特性をもつ個体や系統(ある個体に由来する子孫の集団)を選ぶ選抜を行う.育種の後期世代($F_8 \sim F_{10}$)では,自殖を繰り返すことにより,ホモ接合の遺伝子の頻度を高めるための固定を行う.F_{10}の段階では,F_1でヘテロ接合の遺伝子座のうち,1/512($1/2^9$)の遺伝子座がヘテロ接合になっていると考えられる.交雑で用いる両親間で異なる遺伝子の数は不明であるため,F_{10}の段階でヘテロ接合の遺伝子数はわからないが,ほとんどの遺伝子はホモ接合で,ほぼ純系と考えてよい.そのため,イネの品種は,自殖で採種すれば,その特性が維持され,「コシヒカリ」の子は「コシヒカリ」である.コムギやダイズもイネと同

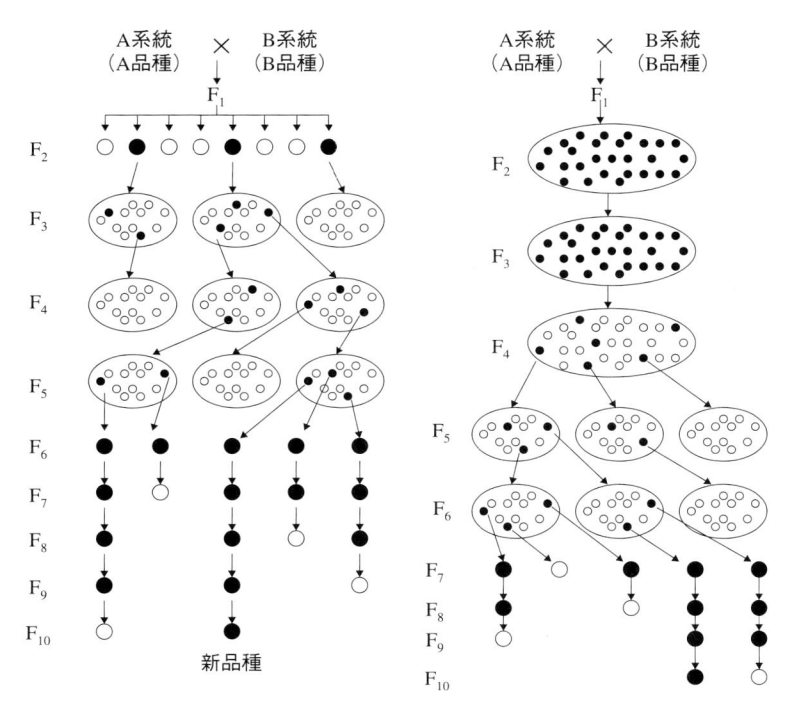

図15.1 交雑育種の2つの方法
イネではすぐに選抜を行わない右の方法がよく利用される

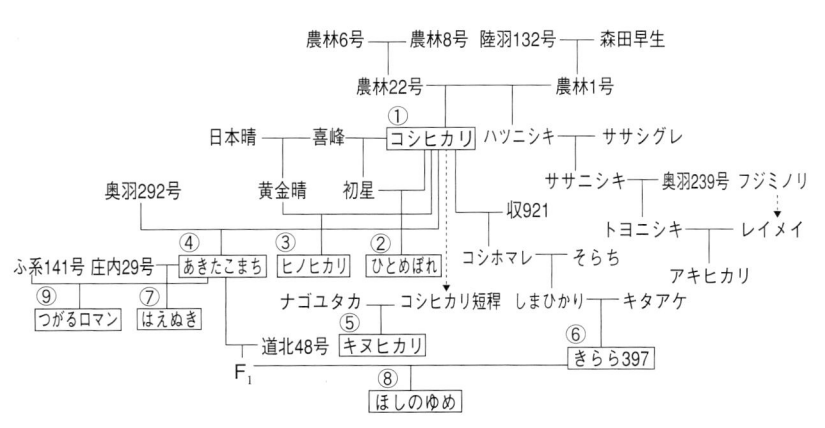

図15.2 イネ主要品種の家系図
○中の数字は2004年の栽培面積の順位

様の方法で育種が行われている．

　日本のイネの主要品種は，「コシヒカリ」と近縁のものが多い．「ひとめぼれ」，「ヒノヒカリ」，「あきたこまち」は「コシヒカリ」を片親として育成した品種であり，「はえぬき」や「つがるロマン」は「あきたこまち」を片親としたものである．「キヌヒカリ」は「コシヒカリ」の連続戻し交雑により作出した草丈が低い系統を，「ササニシキ」は「コシヒカリ」の姉妹品種を片親としたものである（**図15.2**）．そ

のため，互いに類似し，外観では品種の識別が困難である．DNA 多型分析による品種判別がなされている．

日本は南北に長い国であるため，北と南では，栽培される品種が異なる．寒冷地では，イネの生育に適した高温期が短いため，短期間で開花する早生(わせ)の品種が適しており，温暖地では，高温期が長いため，晩生(おくて)品種が多い．北海道の品種である「きらら397」や「ほしのゆめ」などを温暖地で栽培すると，極端な早生になり，収量が低い．一方，「ヒノヒカリ」などの温暖地の品種を北海道や東北で栽培すると，子実に栄養が蓄積するまでに寒さがきて，十分な収穫が得られない．早生・晩生を決める遺伝子は分子レベルで解明されつつある．背が低い品種（短稈(たんかん)品種）は倒伏しにくいことから，多肥料の条件で収量が高い．1950年代から1960年代になされたコムギやイネの短稈品種の利用による世界的な収量の飛躍的向上は，「緑の革命」と呼ばれる．イネの短稈の遺伝子 DNA も解明されている．

米のモチかウルチかを決定する遺伝子は Wx 遺伝子であり，アミロース合成に関与する酵素をコードしている．日本のウルチ米品種の澱粉はアミロースが約 20％でアミロペクチンが約 80％である．Wx 遺伝子が突然変異により働かなくなる（劣性の wx 遺伝子となる）と，アミロース含量が 0％となり，澱粉が 100％アミロペクチンのモチ米となる．Wx 遺伝子の機能が完全に失われず，弱く機能するときは，低アミロースとなり，これもウルチに対し劣性形質である．インドや東南アジアで栽培される品種は日本のウルチ米品種より Wx 遺伝子の機能が高く，アミロース含量が約 30％となり，粘りが弱いので日本

図 15.3 イネの半矮性突然変異体（左）

人にはあまり好まれない.

　早生や短稈,低アミロースなどのイネの育種において重要な特性は,突然変異によって生じやすい(図15.3).放射線照射や化学変異剤の処理により突然変異を人為的に誘発し,突然変異系統を作出する突然変異育種法がこれらの特性の改変によく利用される.誘発突然変異によって遺伝子の一塩基置換,フレームシフトや部分欠失などがおこりやすいので,突然変異育種によっては一般に正常に機能する遺伝子が機能を失う方向に変異しやすい.そのため,劣性1遺伝子によって支配される特性が,突然変異形質として得られやすい.

　リンゴの「ふじ」は,「国光」と「デリシャス」の子である.大抵の果樹は,種子繁殖は行わず,接ぎ木や挿し木など栄養繁殖を行うため,交雑によって生じた子をそのままクローンとして繁殖して,品種にする.イネなどの種子繁殖植物の育種と異なり,固定の必要がなく,品種は多くのヘテロ接合の遺伝子をもっている.多くの果樹は他殖性であるために交雑しやすいうえに,たとえ自殖しても元の品種と特性が変わる.果樹では倍数性の品種もよく利用される.ブドウの「巨峰」や「ピオーネ」など,果実の大きい品種は四倍体である(図15.4).

　トウモロコシや野菜の品種には一代雑種品種(F_1ハイブリッド品種)が多い.種内で比較的遠縁の品種や系統間の一代雑種は,一般に強い雑種強勢を示し,生育が旺盛で栽培しやすく,収量の増加をもたらす.そのため,異なる2つ以上の自殖系統を育成し,それらの間で交雑してF_1をつくり,もっとも優れたF_1を品種とする方法がとられ

図15.4　ブドウの四倍体と二倍体
左:四倍体品種「巨峰」,右:二倍体品種「スチューベン」

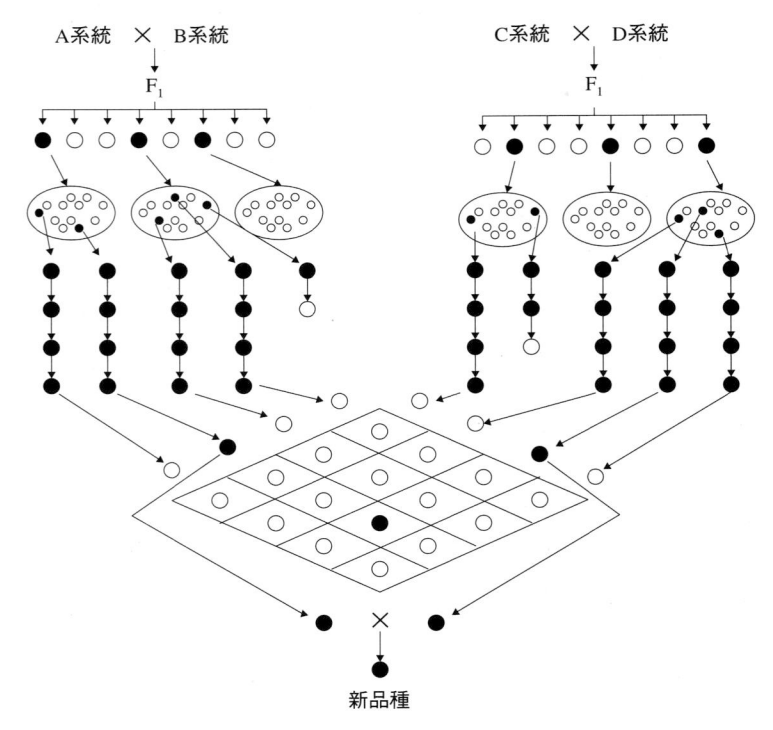

図 15.5 一代雑種育種法

る．一代雑種品種の種子は毎回その両親を交雑して得る（**図 15.5**）．一代雑種品種から採種すると，次世代は F_2 となり，遺伝的特性が分離してくるので，均一性が劣り品種として使えない．農家は毎年種子を購入しなければならない．一代雑種品種の採種は労力がかかるが，両親を外部に出さなければ育成者は独占的に種子を生産・販売できるので，種苗産業が発達した．米国ではトウモロコシの育種を行う大手種苗会社があり，日本では野菜を専門とする種苗会社が多数ある．

日本で育成されたカリフラワーやブロッコリーなどの野菜の品種は，米国やヨーロッパ，アジアで広く普及している．リンゴの「ふじ」も，海外で生産が広がっている．日本で育成されたダイズやコムギの新特性をもつ品種が海外から注目されている．日本の育種のレベルはきわめて高い．

15.2　遺伝子組換え品種の問題点

さまざまな作物の形質転換技術が開発された結果，遺伝子組換え技術を利用して育種を行うことが可能となってきた．従来の交雑育種では，種内あるいは同属内，特殊な雑種作出技術を使ってもせいぜい同科内の植物の遺伝子を作物に導入するのが限界であったが，遺伝子組

換え技術を利用すれば，異なる科の植物だけでなく，動物や微生物の遺伝子も作物に導入して発現させる，あるいはまったく独自に遺伝子を構築して機能させることが可能なため，育種の可能性が大きく広がる．微生物の遺伝子を導入した遺伝子組換え品種がすでに多数作出され，利用されている．

遺伝子組換え作物で世界的にもっとも多く生産されているのは，土壌細菌であるアグロバクテリウムがもつ遺伝子を導入して除草剤耐性にしたダイズである（第9章の囲み記事参照）．除草剤耐性であるため，雑草の管理が容易であるとともに，使用する除草剤の量も，除草剤耐性でないダイズを生産するより少なくて済むと言われている．米国では2003年で，遺伝子組換え品種の比率が約3/4を占めている．ナタネにも除草剤耐性遺伝子が導入され，カナダでは，遺伝子組換えナタネの方が非組換えナタネよりも作付面積が多くなっている（図15.6）．トウモロコシでは，BTトキシンの遺伝子を導入した組換え品種が広く利用されている．BTトキシンは鱗翅目（チョウやガなど）や半翅目（ハエやカなど）の昆虫に強い毒性があるため，BTトキシンを合成する植物は，アワノメイガなどの害虫に抵抗性を示す．これらの他にも，ワタ，ジャガイモ，カボチャ，パパイヤなどの作物でさまざまな遺伝子を導入した遺伝子組換え品種が作出され，利用されている．

日本においても，ウイルス外被タンパク質の遺伝子を導入してウイルス病抵抗性にしたトマトやキュウリ，イネのキチナーゼ遺伝子を導入してうどん粉病抵抗性にしたキュウリや，イチゴ，ブドウなどが作

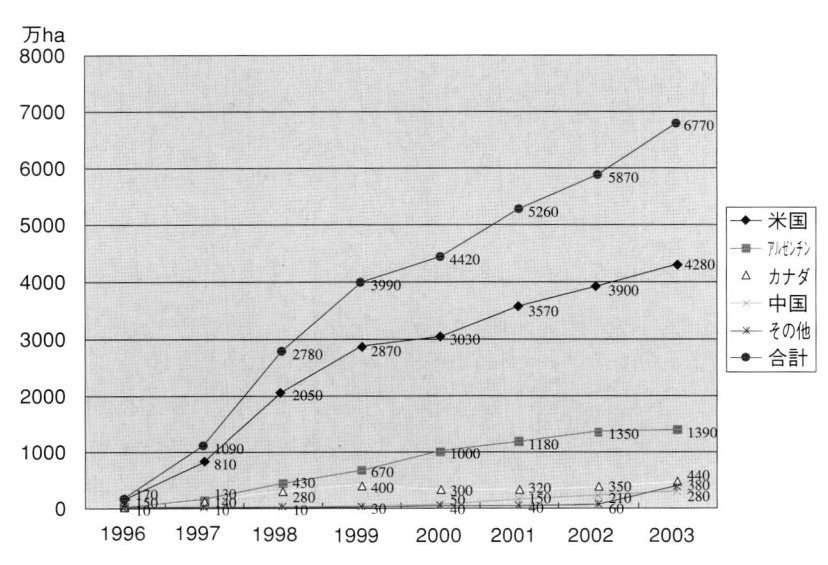

図15.6 遺伝子組換え農作物の作付面積（日本の全農地面積は474万ha）

成されている．スギの花粉アレルゲンの遺伝子を導入して，胚乳でスギアレルゲンを合成できるイネもつくられている．これは，スギアレルゲンを食べることによって花粉アレルギーを抑えようという試みで，動物実験ではその有効性が確認されている．他にもさまざまな有用な遺伝子組換え植物が作成されている．しかし，いずれもまだ実用化には至っていない．日本では，遺伝子組換え技術の育種における有用性を示す段階に留まっており，解決しなければならない問題が残されている．

　遺伝子組換え植物を品種として利用する場合，もっとも問題となるのは食品としての安全性である．本書で，遺伝子の実体や遺伝子のクローニング技術，植物の形質転換技術などを詳しく解説したので，遺伝子組換え作物がすべて危険であるわけではないことは理解いただけるであろう．安全性の程度は，導入する遺伝子や扱う植物によって異なる．導入した遺伝子にコードされるタンパク質の安全性がもっとも重要で，BTトキシンの安全性はよく問題となる．導入遺伝子にコードされるタンパク質が食物アレルゲンとなる可能性もある．野生の植物は，生体防御機構として，アルカロイドなどの毒性物質をつくるものが多いが，栽培植物では毒性物質が少ないものが選ばれてきた．CaMV35Sプロモーターのようにゲノム上の近接遺伝子の発現を活性化するものや，二次代謝産物の合成にかかわる酵素の遺伝子などを導入することによって，これまでその作物がつくらなかった毒性物質をつくるようになることは，可能性はきわめて低いとはいえゼロではない．イネのようにゲノムの塩基配列が明らかになっている作物では，遺伝子が導入された染色体上の位置は簡単にわかるので，その近くにある遺伝子の機能が解明されていれば，導入遺伝子による近接遺伝子の活性化の影響は予測できる．

　花や牧草，工芸作物は，人間が食べるものではないので，食品としての安全性は問題とならないが，それ自体が雑草化する可能性がある．ダイズやアブラナ科野菜のように，同種あるいは近縁の雑草が農地の周辺に生育しており，それらに遺伝子組換え作物の花粉が受粉されて，雑草の中に組換え遺伝子が拡散する可能性もある．組換え遺伝子をもつ雑草が増えたからといって，それが生態系に大きな影響を及ぼすことは考えにくいが，遺伝子組換えにより耐寒性・耐暑性や繁殖能力が向上した植物は，強力な雑草となって生態系に影響を及ぼす可能性はある．生態系への影響は，すぐに結果が出るものではないので，食品としての安全性以上に評価が難しい．

　植物育種の専門家がもっとも懸念しているのは育種技術の独占であ

る．古典遺伝学的な育種技術は，何の制約もなく自由に利用できるが，遺伝子組換え技術による育種には制約がある．遺伝子そのもの，プロモーター，マーカー遺伝子，植物の形質転換技術などが海外の大手企業に特許でおさえられていることが多く，それらを使って作出した系統を特許権を有する者の許可なしに新品種とすることはできない．これが，日本で作出された組換え植物が世に出ない大きな原因となっている．

15.3 植物育種の可能性

作物として全ゲノムの塩基配列が解読されたのはまだイネだけであるが，今後種々の作物でゲノム研究が進むものと思われる．その結果，多数の遺伝子の機能が解明され，その遺伝子の改変あるいは関連する遺伝子の組合せの変更による育種が可能となろう．DNA分析技術が進歩し，1塩基の差を簡易に分析できるようになってきた．品種間の特性の違いを決定している遺伝子変異が明らかとなれば，その一塩基多型（single nucleotide polymorphism；SNP）を分析することによって，選抜系統の特性を予測できるようになる．イネの早晩性を決める $Hd1$ 遺伝子や草丈を決める $Sd1$ 遺伝子，アミロース含量を決定する Wx 遺伝子については，既にこのような選抜は可能である．研究が進んで，品種間差を決定している全遺伝子の変異がわかれば，育種における選抜は，圃場での栽培試験なしに，実験室での SNP 分析で確実に行えることになる．経験を積んだ育種家にとっては，やや味気ないことではあるが．

従来，突然変異体の選抜は，放射線照射や化学変異剤処理により変異誘発した植物（M_1）の自殖次代（M_2）であらわれる突然変異形質（表現型）で選抜してきた．大部分の突然変異形質は劣性1遺伝子により支配されるので，表現型にあらわれるには突然変異遺伝子がホモ接合になる必要があるためである．そのため，雌雄異株や自家不和合性などのため自殖できない植物では，突然変異体の作出は困難であった．また，突然変異誘発を行っても，狙った特性の変異体が得られる率が低く（数千 M_1 に由来する M_2 から1系統程度），多数の M_2 個体を栽培しなければならないため，1個体の占有面積が大きい作物でも困難であった．最近，SNP 分析により逆遺伝学的に突然変異体を選抜することが可能となった．1塩基が異なる2種類の DNA 断片を混合してヘテロ二本鎖を形成させ，CEL1（セロリの一本鎖認識ヌクレアーゼ）で処理すると，ヘテロ二本鎖がミスマッチ部位で切断され，

電気泳動分析により SNP がある DNA を検出できる（**図 15.7**）．塩基配列が異なる DNA が全体の 1/10 程度でも切断された DNA 断片が検出できるので，M_2 の数個体から DNA を抽出し，CEL1 で処理して分析することにより，塩基配列に変異がおこった個体を選抜できる．塩基配列に変異がおこった個体のうち，遺伝子機能に変異を及ぼすような変異は 20 分の 1 程度と言われている．この方法では，突然変異遺伝子がヘテロの状態で突然変異体が選抜でき，簡単に選抜できないような特性の変異体も選抜可能である．M_1 個体を大規模に栽培しなければならない点は変わらないが，この方法により，これまで得られなかったような特性の突然変異体が得られたり，これまで突然変異育種が困難であった植物においても突然変異系統の作出が行えるようになることが期待される．

形質転換細胞の選抜に必要なマーカー遺伝子が，再生した形質転換体においては除去される独自の形質転換技術が，日本で開発された．これまでの植物の形質転換法は，導入遺伝子が挿入される染色体上の位置を制御できないため，導入される染色体上の位置によって導入遺伝子の発現レベルが異なり，導入遺伝子を確実に発現させることができない．また，導入遺伝子の近傍遺伝子の活性化が食品としての安全性の論議で問題となるため，決まった遺伝子の位置に相同組換えにより遺伝子を導入する技術の開発が進められている．植物細胞で機能する人工染色体ができれば，これらの問題が解決できるかもしれない．多くの植物で利用されている形質転換技術は，組織培養や細胞培養を必要とするものであり，培養が困難な植物種には適用困難であるだけでなく，形質転換植物における培養変異が常に問題となる．シロイヌナズナで利用されている花序をアグロバクテリウム懸濁液に浸して次代植物から形質転換体を選抜する *in planta* 形質転換法が，多くの植

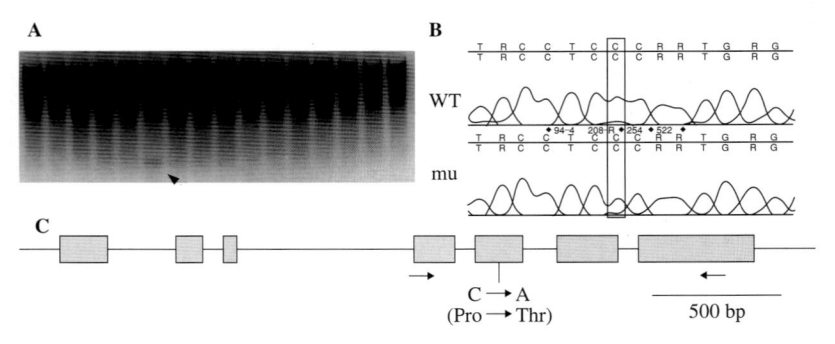

図 15.7 DNA 多型分析による突然変異体の選抜
A：DNA の電気泳動分析で突然変異をもつ個体を選抜．
B：突然変異体における塩基配列の違いを見出す．
C：塩基配列の違いがその遺伝子の機能に及ぼす影響を推定．

物種に利用可能になれば，培養変異の問題は回避される．葉緑体やミトコンドリアに遺伝子を導入してその遺伝子の機能を発現させることができれば，これらのオルガネラは母性遺伝するため，形質転換体の組換え遺伝子が花粉で拡散することがない．前述のように，植物の遺伝子組換え技術の多くは使用上の制約があるため，独自の新技術の開発が望まれる．

■コラム■　**SNP 分析と DNA 選抜育種法**

　従来の植物体を栽培して表現型を観察することによる育種系統の選抜法に対し，SNP 分析によって遺伝子型で個体選抜を行う選抜法を「DNA 選抜育種法」と呼ぶことにする．DNA 選抜育種法が従来の育種法にとって代わるには，SNP 分析法が簡便で低コストになる必要がある．これまで報告されている SNP 分析法の大部分は電気泳動法により DNA 断片長の分析を行う必要があり，育種の選抜に用いる 1000 個体以上の集団の分析には労力がかかりすぎる．筆者らは，ドットブロット法による SNP 分析を改良し，すべての SNP をこの方法で分析可能とした．この方法では，一度に数千の個体の遺伝子型判定が可能であり，DNA 選抜育種法に利用できるものと期待している．

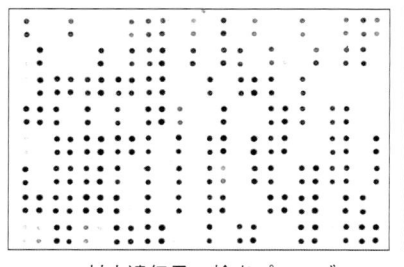

対立遺伝子-1検出プローブ
SNP：AGCT

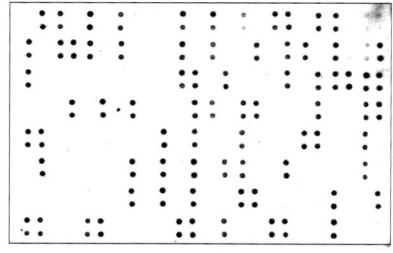

対立遺伝子-2検出プローブ
SNP：AGTT

図 15.8　イネの品種の 1 塩基の差の検出
第 2 染色体の S10844 遺伝子の変異

索引

あ 行

アガロースゲル　80
アグロバクテリウム　89
アセトシリンゴン　91
アデニン　56
アトラジン耐性　120
アニーリング　72
アノテーション　105
アミノ酸　59
アミロース　156
アミロペクチン　156
アルカリSDS法　74
アルカリ性ホスファターゼ　70
アルビノ　14
アンチコドン　63
アンチセンス法　104
安定化選択　153

異形花不和合性　15
維持系統　124
異質倍数体　110
異質四倍体　110
異質六倍体　110
移住　144
異数体　113
異数体シリーズ　113
一遺伝子一酵素説　17
一遺伝子一ポリペプチド説　17
一塩基多型　100, 161
一染色体植物　114
一代雑種品種　123, 157
一卵性双生児　3
イデオグラム　107
遺伝形質　32
遺伝構造　140
遺伝子　1, 32
遺伝子型　6, 46
遺伝子型値　46
遺伝子型頻度　141

遺伝子型分散　50
遺伝子記号　19
遺伝子供給源　140
遺伝子組換え作物　94, 159
遺伝子組換え実験　93
遺伝子座　9
遺伝子説　33
遺伝子単離　76
遺伝子単離法　83
遺伝子突然変異　112
遺伝子破壊系統　104
遺伝子頻度　141
遺伝子プール　140
遺伝情報　21
遺伝地図　37
遺伝的多型　147
遺伝的浮動　144
遺伝母数　51
遺伝モデル　46
遺伝率　52
イネ　41, 155
イントロン　62
インビトロパッケージング　71

ウイルス　5
ウイルス外被タンパク質　159
ウイルスベクター　67, 71
ウェスタンブロット法　86
ウラシル　59
ウルチ　156

栄養繁殖　3
エキソヌクレアーゼ　35
エキソン　63
エチジウムブロマイド　81
エピスタシス　48
エレクトロポレーション　68
塩基対形成　56
エンドウ　43, 106
エンドヌクレアーゼ　35

エンハンサー　62
岡崎フラグメント　60
オペレーター　61
オリゴdT　77

か 行

科　5
開始コドン　63
χ^2検定　136
害虫抵抗性作物　94
核　21, 60
核型　107
核型分析　108
核相交代　31
確率　129
確率分布　132
カナマイシン耐性遺伝子　89
花粉　28
花粉管細胞　28
花粉母細胞　26, 28
カルタヘナ議定書　93
間隔尺度　130
環境因子　46
環境効果　46

キアズマ　26
キセニア　15
木原均　118
基本数　109
帰無仮説　136
逆位　113
逆遺伝学的解析　104
逆転写　77
逆転写酵素　77, 86
狭義の遺伝率　52
共存培養　91
共優性　11
距離行列　148
近交係数　142

近親交配　142
近隣結合法　149

グアニン　56
組換え　34
組換えDNA技術　66
組換え価　36
組換え型　36
グリホサート　94
グルホシネート　94
クレード　150
クローニング　69
クローニングベクター　67
クローン　3, 157
クロマチン　22

蛍光 in situ ハイブリダイゼーション　116
形質　129
形質状態法　151
形質転換　68, 88
系統　154
系統樹　147
計量形質　44
欠失　113
ゲノミック in situ ハイブリダイゼーション　117
ゲノム　4, 76, 95
ゲノムDNAライブラリー　76
ゲノムサイズ　95
ゲノム説　118
ゲノムプロジェクト　96
ゲノム分析　117
ゲル電気泳動法　79
原核生物　4
減数分裂　4, 25, 36
減数分裂第一分裂　26
減数分裂第二分裂　27
限性遺伝　16
検定　135, 136
検定交雑　9, 36

コアプロモーター　62
広義の遺伝率　52
交互作用　47
交さ　28, 33
交さ価　34
交雑　2
交雑育種　154

抗生物質耐性遺伝子　69
構造変異　113
好熱性細菌　73
5′キャップ　62
古典遺伝学　10
コドン　59
コヒーシン　27
5′非翻訳領域　63
コムギ　41
コルヒチン　111
コロニー　69
コンティグ地図　39
コンピテントセル　68

さ 行

ザイゴテン期　26
最節約法　151
最頻値　131
細胞　21
細胞遺伝学　107
細胞質分裂　25
細胞質雄性不稔　123
細胞周期　25
細胞小器官　22
細胞分裂　21
最尤法　151
サザンブロット法　81
雑種第一代　6
三遺伝子雑種　38
35Sプロモーター　88
算術平均　131
三染色体植物　113
三点交雑　38
三倍体　112
3′非翻訳領域　63

自家受粉　2
自家不和合性　20
自殖　154
雌性配偶子　4
自然選択　145
質的形質　2, 45
ジデオキシヌクレオシド三リン酸　82
シトシン　56
四分子期　27
姉妹染色分体　22
シャイン-ダルガーノ配列　121
尺度　130

種　5
雌雄異株（雌雄異体）　16
終止コドン　63
修飾　62
集団　140
集団遺伝学　140
重複　113
重複遺伝子　12
重複受精　29
収斂進化　147
受精　4, 29, 30
主働遺伝子　14, 45
純系　5
順序尺度　130
上位性　13
娘細胞　24
常染色体　108
植物育種　154
除草剤耐性　94, 159
シロイヌナズナ　42, 89, 96
人為倍数体　111
進化　143
真核生物　4
進化系統学　140
仁形成部位　108
人工染色体　76
伸長　72
シンテニー　40

図単位　37
スプライセオソーム　63
スペクチノマイシン　127

正規分布　47, 133
制限酵素　66
制限酵素地図　39
精細胞　29
精子　29, 30
生殖細胞　25, 28
生殖母細胞　28
性染色体　108
生態遺伝学　44
生態系への影響　160
生物情報学　105
生物統計学　129
世代交代　31
接合　30
セルフライゲーション　69, 70
染色体　3, 22, 32, 107

──の変異　112
染色体欠失系統　40
染色体説　21
染色体地図　37
染色体添加系統　114
染色体突然変異　112
染色分体　23
全数体　116
選択マーカー　69
セントロメア　23

相加効果　48
相加分散　50
操作上の分類単位　148
創始者原理　145
相同組換え　127, 162
相同染色体　26, 33
相補的　57
属　5

た 行

ターミネーター　61, 88
第一次狭窄　107
第一種使用　93
体細胞分裂　23
第二次狭窄　108
第二種使用　93
対立遺伝子　6, 48
対立仮説　136
タネナシスイカ　111
多面発現　14
タルホコムギ　41
単系統群　150
単相　31
タンパク質　59

致死遺伝子　14
地図距離　38
チミン　56
中央値　131
中間期　27

対合　26, 28

ディアキネシス期　26
ディプロテン期　26
デオキシヌクレオシド三リン酸　82
デオキシリボ核酸　56

適応度　145
テロメア　22
転移 RNA　61
転座　113
転写　59, 61
転写因子　62
澱粉合成　41

同義遺伝子　11
統計遺伝学　44
統計量　130
動原体　23, 107
同質三倍体　110
同質倍数体　110
等電点　88
等電点電気泳動　87
トウモロコシ　41
独立の法則　8, 33
突然変異　18, 65, 143
突然変異育種法　157
トランジエント発現　93
トランスジェニック植物　92
トランスポゾン　101
トランスポゾンタギング　101
トリソミックス　113

な 行

ナリテトラソミックス　114

二価染色体　26
二項検定法　136
二項展開　133
二項分布　133
二次元電気泳動　87
二重交さ　35
二重らせん構造　58
二倍体　109

ヌクレオソーム　22

稔性回復遺伝子　123
稔性回復系統　124

ノーザンブロット法　85
乗換え　28
乗換え価　34
ノンパラメトリック検定　136

は 行

パーティクルガン　92
胚　30
バイオインフォマティックス　105
配偶子　30, 36
配偶体型　124
ハイグロマイシン耐性遺伝子　89
胚珠　29
倍数性　109
倍数性半数体　115
倍数体　109
バイナリーベクター　90
胚乳　30
胚のう　29
胚のう細胞　29
胚のう母細胞　26, 29
ハイブリダイゼーション　78
背理法　136
ハウスキーピング遺伝子　126
パキテン期　26
パキテン分析　109
バクテリア人工染色体　76
発現スクリーニング　84
ハプロタイプ　15, 20
半数体　115
伴性遺伝　16

ビアロホス　94
非組換え型　36
ヒストン　22
微働遺伝子　14, 45
ヒトゲノム解析　32
非平衡集団　141
表現型　6, 46
表現型値　46
標準誤差　131
標準偏差　131
比率尺度　130
びん首効果　145
ビンマップ　40

フェノール／クロロホルム処理　74
不完全優性　10
複製　57
複製起点　22, 60

複相　31
複対立遺伝子　11
複二倍体　111
父性遺伝　17, 119
付着末端　66
物理地図　39
不等交さ　34
部分欠失系統　40
普遍的転写因子　61
プラーク　71
プライマー　72
プラスミド　68, 88
プラスミドベクター　67
プラズモン　117
プローブ　78, 85, 116
プロセッシング　62
ブロッティング　81
プロテオーム解析　88
プロトプラスト　4
プロモーター　61, 88
分散　131
分散分析　137
分子系統樹　147
分子細胞遺伝学　116
分集団　140
分断選択　153
分離の法則　5

平滑末端　66
平均値　131
平衡集団　141
ベクター　88
ヘテロクロマチン　109
ヘテロ接合体　6
ヘルパープラスミド　90
変数　130
変性　72
変動係数　131
変量モデル　139

方向性選択　153
胞子　30
胞子体型　124
紡錘糸　24
母細胞形成　26
母集団　132
母数モデル　139

ポストゲノム　105
母性遺伝　17, 119
補足遺伝子　11
ホモ接合体　6
ポリA尾部　62
ポリアクリルアミドゲル　80
ポリジーン　14, 45
ポリソーム　64
翻訳　63

ま 行

マーカーDNA　81
マイクロRNA　64
マクロ環境　46
マクロシンテニー　40
マップベースクローニング　97
マルチクローニングサイト　68
マルチプルアラインメント　148

ミクロ環境　46
ミクロシンテニー　40
ミトコンドリア　121
ミトコンドリアゲノム　121
緑の革命　156
ミヤコグサ　42
ミュータントパネル　104

無作為交配　141
無性生殖　30
無胚乳種子　30

メチラーゼ　75
メッセンジャーRNA　59
メンデル　1

モード　131
目　5
モチ　156
モデル植物　42
戻し交雑　6, 36
モノソミックシリーズ　114

や 行

葯　28
野生型　11
雄原細胞　28

有糸分裂　24
雄ずい　28
優性　6, 10, 55
優性効果　48
優性上位　13
有性生殖　30
優性の法則　5
雄性配偶子　4
有性繁殖集団　140
優性分散　50

葉緑体　119
　──の形質転換　127
葉緑体ゲノム　119
抑制遺伝子　12
読み枠　63
四倍体　157

ら 行

ライゲーション　68
ライコムギ　112
ラムダファージ　71

離散変数　133
リソース　105
リボ核酸　59
リボソーム　63
リボソームRNA　61
リボソームRNA遺伝子　116
量的遺伝学　44
量的形質　1, 44
量的形質遺伝子座　52

類別尺度　130
ルシフェラーゼ　89

零染色体植物　114
劣性　6, 10
劣性上位　13
レトロトランスポゾン　104
レプトテン期　26
レポーター遺伝子　89
連鎖　32
連鎖群　33
連鎖地図　37, 97
連続変数　133

欧字索引

ABO 血液型　2, 7, 11, 17
Ac/Ds　103
AFLP　99

bar 遺伝子　94
Boro 型細胞質雄性不稔　125
BT トキシン　94, 159

C-value　95
CaMV　88
CAPS　99
cDNA　77, 85
cDNA ライブラリー　77
CMS　123
C バンド　109

DH 系統　116
DNA　1, 22, 31, 56
DNA 塩基配列の決定　82
DNA クローニング　67
DNA クローン　76
DNA 合成　26
DNA 選抜育種法　163
DNA 多型　52
DNA ファイバー FISH 法　116
DNA 変異　65
DNA ポリメラーゼ　60
DNA マーカー　98
DNA リガーゼ　67, 68

F_1　6
FISH 法　116

G_1 期　25

G_2 期　25
GFP　89
GISH 法　117
GMO　92
GUS　89

HLA　9

in planta 形質転換法　162
in situ ハイブリダイゼーション　116
ISH 法　116

Kosambi の式　38

MHC　9
mRNA　85
M 期　25

NJ 法　149
NOS　88

orf　122
OTU　148

PCR　72
PCR スクリーニング　104
PCR 法　84

QTL　52
QTL 解析　53

Rf　124
RFLP　98

Rh 血液型　2
RNA　59
RNAi 法　104, 105
RNaseH　77
RNA エディティング　122
RNA スプライシング　62
RNA ポリメラーゼ　61
RT-PCR　84, 85
RuBisCO　119, 122

SDS　74
SDS-ポリアクリルアミドゲル電気泳動　87
SNP　100, 161, 163
SSR　98
S 期　25

T-DNA　90
TAIL-PCR　102
TATA ボックス　61
Ti プラスミド　90
Tos17　104
Tris-EDTA 緩衝液　74
tRNA　63
T 型細胞質雄性不稔　126

UPGMA 法　149

vir 領域　90

X 染色体　16

Y 染色体　16

編著者略歴

西尾　剛（にしお　たけし）
1952年　大阪府に生まれる
1980年　東北大学大学院農学研究科博士課程修了
現　在　東北大学大学院農学研究科応用生命科学専攻・教授

見てわかる農学シリーズ　1
遺伝学の基礎　　　　　　　　　　定価はカバーに表示

2006年3月20日　初版第1刷
2015年8月10日　　　第8刷

編著者　西　尾　　　剛
発行者　朝　倉　邦　造
発行所　株式会社　朝　倉　書　店
　　　　東京都新宿区新小川町6-29
　　　　郵便番号　162-8707
　　　　電　話　03(3260)0141
　　　　ＦＡＸ　03(3260)0180
　　　　http://www.asakura.co.jp

〈検印省略〉

教文堂・渡辺製本

Ⓒ2006〈無断複写・転載を禁ず〉
ISBN 978-4-254-40541-5　C 3361　　Printed in Japan

JCOPY　〈(社)出版者著作権管理機構 委託出版物〉
本書の無断複写は著作権法上での例外を除き禁じられています。複写される場合は、そのつど事前に、(社)出版者著作権管理機構（電話 03-3513-6969, FAX 03-3513-6979, e-mail: info@jcopy.or.jp）の許諾を得てください。

好評の事典・辞典・ハンドブック

火山の事典（第2版） 　下鶴大輔ほか 編　B5判 592頁

津波の事典 　首藤伸夫ほか 編　A5判 368頁

気象ハンドブック（第3版） 　新田 尚ほか 編　B5判 1032頁

恐竜イラスト百科事典 　小畠郁生 監訳　A4判 260頁

古生物学事典（第2版） 　日本古生物学会 編　B5判 584頁

地理情報技術ハンドブック 　高阪宏行 著　A5判 512頁

地理情報科学事典 　地理情報システム学会 編　A5判 548頁

微生物の事典 　渡邉 信ほか 編　B5判 752頁

植物の百科事典 　石井龍一ほか 編　B5判 560頁

生物の事典 　石原勝敏ほか 編　B5判 560頁

環境緑化の事典 　日本緑化工学会 編　B5判 496頁

環境化学の事典 　指宿堯嗣ほか 編　A5判 468頁

野生動物保護の事典 　野生生物保護学会 編　B5判 792頁

昆虫学大事典 　三橋 淳 編　B5判 1220頁

植物栄養・肥料の事典 　植物栄養・肥料の事典編集委員会 編　A5判 720頁

農芸化学の事典 　鈴木昭憲ほか 編　B5判 904頁

木の大百科［解説編］・［写真編］ 　平井信二 著　B5判 1208頁

果実の事典 　杉浦 明ほか 編　A5判 636頁

きのこハンドブック 　衣川堅二郎ほか 編　A5判 472頁

森林の百科 　鈴木和夫ほか 編　A5判 756頁

水産大百科事典 　水産総合研究センター 編　B5判 808頁

価格・概要等は小社ホームページをご覧ください．